U0134576

期權
速獲利
Flash!

導讀

攻守兼備是王道

一個簡單的數學題,有位投資者過去十年每年投資回報率為 25%,假如十年前他投入了 100 萬元,今時今日身家有多少?答案是 931 萬元,差不多晉身為千萬富翁。

之所以問這條問題,主要想講一年高回報率不難,但十年持續高回報率就極難。要做到年均賺 25%,正如達利奧(Ray Dalio)在其著作《原則》所言,「投資要做到攻守兼備(In trading you have to be defensive and aggressive at the same time)」。道理很顯淺易明,如果你不夠進取,你是無法賺到可觀利潤,但另一方面若果你不夠保守,你會無法保留利潤。

先講進攻,如果未來十年之中,其中一年的表現平淡、投資沒有贏輸,又有一年失手蝕 15%,餘下八年需要多少回報率才能拉高至十年年均 25% 回報率的目標呢?計算過程不贅,答案是 34.9% 年均回報率才能達標。投資最保守的做法是沽貨套現離場,但順境時贏不夠錢,逆境沒有利潤輸,長線回報率一定會被大幅拉低。

講完攻自然要講守,原來「守」這門藝術一點也不易。對於嚐到甜頭的投資者,很多時會自我膨漲至衝昏頭腦的地步,繼而誤判風險下大注於值博率低的項目,特別是期權交易,有可能一鋪輸清光。這個情況很容易發生,尤其是年輕人,偶然投資成績理

想就認為自己能力遠勝於其他名家。然而，投資回報強與否只是一個結果，真正主導結果是你的投資方式能否經得起時間的考驗。

　　十年年均 25% 回報率，十年總回報超過 8 倍，100 萬可變成 931 萬，800 萬元利潤就是香港人日盼夜盼買六合彩中頭獎的最低金額。由此可見，25% 年均回報率絕對是一個超卓水平，只有攻守兼備的投資者才能做到這個目標。至於如何做到這個境界，融創中國（1918）主席孫宏斌的一番話很值得參考，「做任何事情都有風險，如果沒有風險也沒有回報。人其實是不能預測未來的，只能不斷的應對、調整。」

推薦序 I
善於「搵真銀」的期權高手

　　期權千變萬化，易學難精，寫期權書尤其難。如何取得平衡，使書作豐富而不枯燥，有趣味又不「吹水」，難度很高，要知期權是實用、專門、又高風險的範疇，它童叟無欺，投資人卻真的不能亂來！因此我對作者 Alex 的新作特別期待。

　　著重期權理論的人不善於在市場上「搵真銀」，單靠市場觸覺、個人直覺的人又絕少有長勝者。Alex 本身是市場人士，既具行內人士的目光和豐富的投資經驗，又有 CFA 的專業資格，在香港人對期權認識尚淺之時，他的著作來得合時。

　　Alex 由淺入深地介紹期權操作，他首先在第 1 至第 3 章闡述了期權的概念，針對性地討論了 Implied Vol 和決定期權金的 6 大要素（和一些重要 Option Greeks)，及後在第 4 章涉足期權的技術層面，最後於終章窩心地點出了心理對期權投資影響重大卻易被忽略的重要元素，簡明扼要，十分值得對期權市場有興趣的人士細讀。

　　最後謹祝 Alex 事業再創高峰，大作一紙風行！

姚穎謙

財務總監

《信報財經新聞》美股專欄【上善若水】作者

推薦序 2
期權初哥必讀，投資高手必備！

我和作者 Alex 的交情相當有淵源，其寫作生涯都跟我有很大關係。他的首本作品《港股游擊戰》是我負責編輯和策劃，從中我認識到他的第一門絕技「事件驅動投資法」。一年後的第二本暢銷作品《從股壇初哥，到投資高手！》，就是我和他加上另外兩位作者王華及謝克迪的合著，共同分享自身的投資得意技，這次我認識到他的第二門絕技「簡易基本分析」，而這書亦在短短半年內再版了三次。來到你手上的第三本書《期權速獲利 Flash!》，他更公開了第三門絕技「期權策略 16 式」，可說是多才多藝。

不難發現，Alex 是一名全面型投資者。面對動態市場時，他可以運用「事件驅動投資法」，掌握瞬間的投資機會獲利；而作中長線的價值投資時，亦能一針見血地進行基本分析，從財報中極速找到重要的數據關鍵，作出更有把握的投資決定。除以上買賣正股的招式外，配合期權的投資策略，更能同時加強股票投資的進攻及防守性，這就是本書的中心思想。

雖說《期權速獲利 Flash!》是以期權初哥為主要對象，講解了不少期權操作的基本功，但細讀之下，原來是循序漸進地引領讀者進入更進階的期權策略領域。一本書就包含了期權的初階至進階操作技巧，以及作者多年來的投資心法，除了「超值」之外，我都無法再形容本書的珍貴和獨到了。

陳卓賢（Michael）
資深財經編輯、獨立股評人
暢銷書《股票投資 All-in-1》作者

作者序
快速學懂期權，就由這裡開始

期權，一向予外界「賭性重、操作難」的形象，故此大部分人聽見期權這個產品就避之則吉。對於以價值投資為重心的投資者來說，期權交易似乎有違投資信念。然而，筆者以過來人身分來作分享，期權操作靈活性高，適當運用除了可以降低組合風險外，長線更可以提升投資回報！

舉例說，投資者判斷持股的基本因素短暫有所轉弱，但長線核心競爭優勢依然存在。若果該投資者沽出備兌認購期權（Short Covered Call）降低持股成本，這種對沖持股的做法亦合乎價值投資理念。以上只是期權實戰策略的其中一種，筆者將會一口氣詳述 16 種常用期權實戰策略，正如本書書名一樣，你能在迅雷閃電（flash）之間學懂期權操作。

想當年入讀大學時細讀 John C. Hull 所撰寫的經典教材《Options, Futures, and Other Derivatives》，期權概念可以說易不易，說難不難，但本書由期權基本概要、進階理論、實戰操作、期權策略以及操盤心理都集結起來，希望做到「期權一本上手」。一本將繁複的期權概念精華濃縮起來的小書，或許就是延續當年大學教授傳授筆者期權知識的教育理念。

眾所周知，在香港寫書的實際回報不大，若果當初沒有一股熱情，這本著作可能無法面世。這本書是筆者第三本著作，本書出版後可能有好一陣子不會看到個人新書面世，皆因筆者需時沉澱思緒。不講不知，筆者最想出版的作品是小說，希望這一天將會到臨。

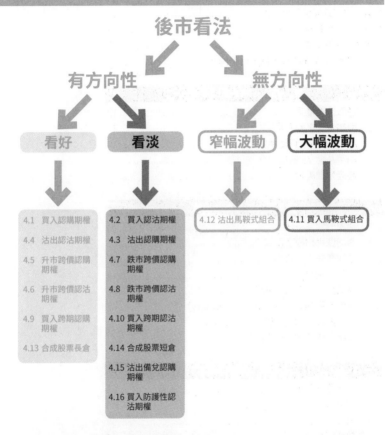

「期權實戰策略 16 式」概念圖

後市看法

有方向性　　　　　　無方向性

看好　　看淡　　窄幅波動　　大幅波動

看好	看淡	窄幅波動	大幅波動
4.1 買入認購期權	4.2 買入認沽期權	4.12 沽出馬鞍式組合	4.11 買入馬鞍式組合
4.4 沽出認沽期權	4.3 沽出認購期權		
4.5 升市跨價認購期權	4.7 跌市跨價認購期權		
4.6 升市跨價認沽期權	4.8 跌市跨價認沽期權		
4.9 買入跨期認購期權	4.10 買入跨期認沽期權		
4.13 合成股票長倉	4.14 合成股票短倉		
	4.15 沽出備兌認購期權		
	4.16 買入防護性認沽期權		

最後想感謝的是出版本書的格子盒作室，前作《從股壇初哥，到投資高手！》如此暢銷亦有賴其團隊孜孜不倦的努力，期望這本作品亦能延續格子盒作室一貫打造精品書籍的精神。

周梓霖（Alex）

目錄

期 權 速 獲 利 Flash!

期權入門五步曲

1.1

甚麼是期權？

不知你買股票會否遇到以下情況呢？

1) 手上持有大量股票作長線收息，但同一時間怕大市於短期
   內會大跌。在手持股票情況下，有沒有法子確保股票不會
   錄得巨額帳面損失？

2) 手上股票價格窄幅上落，有沒有辦法提高收益呢？

3) 手上資金有限，有沒有方法降低投資成本呢？

4) 看好某隻股票公布業績後會大幅上升或大幅下跌，有沒有
   策略能夠從波動中獲利呢？

以上問題的答案其實非常簡單，用期權就可以達到以上目的！

期權（Options）是一種變化萬千的衍生工具，無論是保守型
或者進取型投資者，期權都能為投資者提供大量投資策略，上至對
沖、下至刀仔鋸大樹，更可以利用期權組合，於升市、跌市、牛皮
市及波動市等不同市況獲利，絕對稱得上是劃時代的投資產物。

古語有云，「水能載舟，亦能覆舟」，期權向來是把雙刃劍，
善用期權能夠增強回報，但運用不當隨時會有滅頂之災。要駕馭

火力如此驚人的衍生工具，自然需要深入了解它的原理及運作模式，這才有機會成為長勝將軍。

期權是以特定目標產品（Underlying Asset）為基礎的金融合約，並細分為認購期權（Call Options）及認沽期權（Put Options）兩大類。雖然期權定義略為冗長，但畢竟買賣期權涉及真金白銀，苦口婆心都要說一遍。

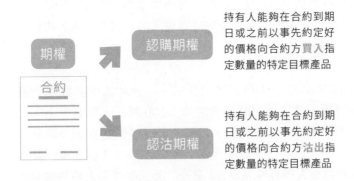

持有人能夠在合約到期日或之前以事先約定好的價格向合約方**買入**指定數量的特定目標產品

持有人能夠在合約到期日或之前以事先約定好的價格向合約方**沽出**指定數量的特定目標產品

根據大學教科書定義，認購期權賦予持有人買入特定目標產品的權利（非義務），持有人能夠在合約到期日或之前以事先約定好的價格向合約方買入指定數量的特定目標產品；而認沽期權則賦予持有人沽出特定目標產品的權利（非義務），持有人能夠在合約到期日或之前以事先約定好的價格向合約方沽出指定數量的特定目標產品。

一大堆文字拼湊起來，看起來肯定很困惑。不過你買得這本入門書，小弟自然不會拋書包扮高深，看完以下兩個例子你就會明白期權基本運作原理。

例子一：神盾工廠火箭

　　假設有一間名為「神盾工廠」的企業打算於 2030 年 1 月 1 日發售一枚可載人抵達月球的火箭，「神盾工廠」現時還未為那枚火箭定價。然而，「神盾工廠」現時向你出售一張名為「為未來加油」的入場券，持有入場券的人可於 2030 年 1 月 1 日當日以 1,000 萬元向「神盾工廠」買入一枚載人火箭上月球，每張「為未來加油」的入場券現時售價為 50 萬元。由於你不肯定地球在 2030 年 1 月 1 日會否被外星人入侵，所以你向「神盾工廠」買入一張入場券準備 2030 年去避難。

　　等到 2030 年 1 月 1 日火箭開售日，「神盾工廠」經過一連串精密計算後，決定將火箭售價定為 1,200 萬元。眼見手上入場券所標明的價格為 1,000 萬元，較官方最終售價便宜 200 萬元，閣下如此英明神武，自然要一馬當先用入場券以 1,000 萬元買入火箭。由於你買入場券時花費 50 萬元，因此你買入火箭的總成本為 1,000 萬元 +50 萬元 =1,050 萬，較官方售價 1,200 萬元節省 150 萬元。

　　總成本 = 1,000 萬元 + 50 萬元 = 1,050 萬元

　　總共節省 = 1,200 萬元 - 1050 萬元 = 150 萬元

　　不過，若果「神盾工廠」大發慈悲以 850 萬元發售火箭又如何呢？在這情況下，由於官方售價比入場券所標明的價格 1,000 萬元貴 150 萬元，家醜不外傳，那張入場券自然要拿去墊煲底。由於你買入場券時已花費了 50 萬元，因此你買入火箭的總成本為

850 萬元 + 50 萬元 = 900 萬元。雖然你比官方售價 850 萬元多花費 50 萬元，但都比你心目中價格 1,000 萬元便宜，始終提前鎖定價錢，總好過因加價買不起火箭被外星人欺負嘛。

總成本 = 850 萬 + 50 萬元 = 900 萬元

總共多花費 = 900 萬元 - 850 萬元 = 50 萬元

這個例子中的入場券，好比我們投資所聽到的認購期權。只要事前付出一點金錢去買入場券，你在未來就有選擇權以預定的價錢購買火箭。雖然當火箭官方定價低於入場券所標示的價格（1,000 萬元）時，你是會用多了成本去買火箭（50 萬元），但你能夠事前鎖定買入火箭最高成本金額（1,050 萬元），即使火箭價格暴漲，你都可以乘搭火箭去月球避難。

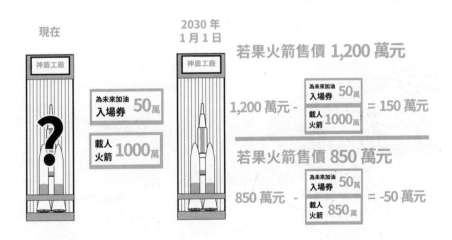

例子二：神盾藥業長生不老草

至於認沽期權又如何呢？我們可以看看以下例子。假設閣下是一位農夫，你從一間已成功研發長生不老藥的企業「神盾藥業」，大手買入一批長生不老草種子，希望在自己農場種草，並賣給「神盾藥業」作原材料製造長生不老藥銷售給大眾。草如其名，原來現時播種要等到 2030 年 1 月 1 日才有收成，而「神盾藥業」打算向你買入 1,000 公斤長生不老草，但長生不老草要以收成當日售價計算。

不過「神盾藥業」作為大企業，自然知道你害怕長生不老草售價大跌而不肯種草，所以就推出一張名為「關懷小戶」的賣草券，售價為 30 萬元，手持賣草券的人可於 2030 年 1 月 1 日當日以 2,000 萬元向「神盾藥業」賣出 1,000 公斤長生不老草。由於你怕神草變雜草，所以你向「神盾藥業」買入一張賣草券以享受這份「關懷小戶」之溫情。

手持賣草券的人可於 2030 年 1 月 1 日當日以 2,000 萬元向「神盾藥業」賣出 1,000 公斤長生不老草。

　　等到 2030 年 1 月 1 日長生不老草收成日，「神盾藥業」科學家用目測方式，決定將長生不老草售價定為 1,600 萬元。眼見手上賣草券所標明的價格為 2,000 萬元，較官方最終售價高出 400 萬元，自然要奉上賣草券以 2,000 萬元賣出手上的神草，享受大企業的關愛情懷。由於你購買賣草券時已花費 30 萬元，因此你賣草將淨套現 2,000 萬元 - 30 萬元 = 1,970 萬元，較官方售價 1,600 萬元賣貴 370 萬元。

　　淨套現 = 2,000 萬元 - 30 萬元 = 1,970 萬元

　　總共賣貴 = 1,970 萬元 – 1,600 萬元 = 370 萬元

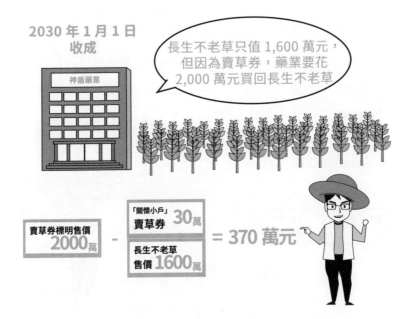

　　反過來看，如果神草供應短缺，「神盾藥業」開價 2,500 萬元於市場掃草又如何呢？在這情況下，由於官方售價比賣草券所標明的價格 2,500 萬元貴 500 萬元，原來愛近在咫尺，那張賣草券自然要拿去貼牆紙，用市價 2,500 萬賣草更划算。由於你買賣草券時已花費 30 萬元，因此你賣草淨套現 2,500 萬元 - 30 萬元 = 2,470 萬元。雖然你比官方售價 2,500 萬元賣便宜 30 萬元，但都比你心目中價格 2,000 萬元高出不少，畢竟提前鎖定賣出價，總好過賤價賣草大失預算。

　　淨套現 = 2,500 萬元 - 30 萬元 = 2,470 萬元

　　總共賣便宜 = 2,500 萬元 - 2,470 萬元 = 30 萬元

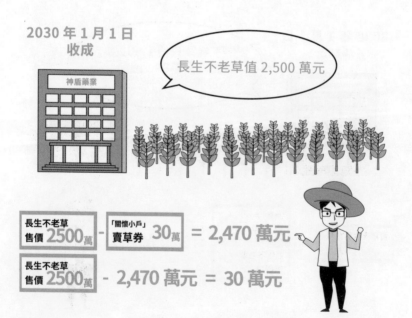

　　這個例子中的賣草券，就是我們投資所聽到的認沽期權。只要事前付出一點成本去買賣草券，你在未來就有選擇權以預定的價錢出售長生不老草。雖然當神草官方定價高於賣草券所標示的價格（2,000 萬元），你手上的賣草券就得物無所用（30 萬元），但你能夠事前鎖定賣草最低淨套現金額（1,970 萬元），即使神草價格暴跌，「神盾藥業」都要用高價向你買草。

官方定價高於賣草券所標示的價格

雖然不能行使賣草券，但由於市價高於賣草券所標示的價格，整體來說也是有利。

「關懷小戶」
賣草券 **30萬**

手持賣草券的人可於 2030 年 1 月 1 日當日以 2,000 萬元向「神盾藥業」賣出 1,000 公斤長生不老草。

官方定價低於賣草券所標示的價格

即使神草價格暴跌，「神盾藥業」都要用 2,000 萬元向你買草。

1.2
期權六大重要元素

　　根據定義延伸下去，期權有六大元素需要你注意，分別是「特定目標產品」、「合約到期日」、「行使價」、「合約大小」、「行使方式」、及「交收方式」。

第一元素：
「特定目標產品」（Underlying Asset）

　　訂立期權合約自然要雙方同意以甚麼資產作為合約的目標，以免合約到期輸錢一方賴皮不認數。在證券交易所交易期權有個好處，就是可以用標準化方式進行買賣，即「特定目標產品」會是於交易所上市的股票、債券、商品，甚至是指數。在香港，交易所成交活躍期權主要有兩種，分別為股票期權及指數期權，本書絕大部分篇幅將集中討論它們的特性及相關策略。

在香港交易所
成交活躍期權　➚　股票期權

➘　指數期權

第二元素：「合約到期日」（Expiry Date）

　　你照字面意思也可以理解，即是期權持有人行使合約權利的到期日。在香港，股票及指數期權到期日是到期月份最後營業日之前一個營業日。至於美國，期權到期日的彈性比較高，除了主要合約到期日在到期月份第三個星期五外，還有不少期權在每個星期五到期。

MAY

SUN	MON	TUE	WED	THU	FRI	SAT
	1	2	3	4	5	6
7	8	9	10	11	12	13
14	15	16	17	18	19	20
21	22	23	24	25	26	27
28	29	30	31			

期權到期日

第三元素：「行使價」（Exercise Price）

　　即是雙方預先協定以買入或沽出特定目標產品的價格。以上一節神盾工廠發售的火箭入場券為例，1,000 萬元就是行使價。

第四個元素：「合約大小」（Contract Size）

指每份期權合約所代表的特定目標資產的數量。以上一節神盾藥業出售的賣草券為例，1,000 公斤就是合約大小。

第五元素：「行使方式」

這亦指可行使期權合約的時間。期權會按期權行使時間分為兩種，分別為歐式期權（European Style Options）及美式期權（American Style Options）。兩者分別在於歐式期權只可於到期日當日行使，美式期權則可於到期日或以前的任何時間行使。在香港交易所買賣的期權是兩種方式都有，指數期權是歐式，而股票期權則是美式。

MAY

SUN	MON	TUE	WED	THU	FRI	SAT
	1	2	3	4	5	6
7	8	9	10	11	12	13
14	15	16	17	18	19	20
21	22	23	24	25	26	27
28	29	30	31			

美式可在到期日前行使

歐式則只能在到期日當日行使

第六元素：「交收方式」

這是指期權持有人一旦行使期權合約後交收特定目標產品的方法。交收方法有兩種，分別是實物交收或現金交收。實物交收是合約雙方以特定目標產品作現貨交收，上一章節神盾藥業出售的賣草券就是實物交收的期權合約，一旦你行使合約，就可以向神盾藥業出售 1,000 公斤現貨長生不老草。

當然每次都實物交收也是非常不便，所以另一種交收方式就是現金交收，即是以現金結算特定目標產品市價及行使價的差價。再以神盾藥業發售的賣草券為例，若果行使時長生不老草跌至 1,600 萬元並以現金結算的話，神盾藥業就是向你支付市價及行使價的差價，即 2,000 萬元 – 1,600 萬元 = 400 萬元來結算你手上那張賣草券。這裡是指以 400 萬元來結算賣草券，而你作為長生不老草的供貨人，在以現金結算賣草券後，仍可以決定賣或不賣現貨給神盾藥業。當然，由於你本身不想囤積長生不老草，賣給神盾藥業才是最合適的。

1.3

認購期權 VS 認沽期權

期權可以分為兩大類，分別是認購期權（Call Options）及認沽期權（Put Options）。認購及認沽期權很容易分辨，只要認清持有人擁有買入或沽出特定目標資產的權利就可以了。

認購期權賦予期權持有人買入特定目標資產的權利，神盾工廠發售的火箭入場券就是認購期權的例子之一。

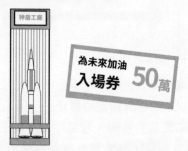

認沽期權賦予期權持有人沽出特定目標資產的權利，神盾藥業出售的賣草券就是認沽期權的例子之一。

1.4
期權長倉 VS 期權短倉

一般來說，我們要沽出股票是手上要先擁有那隻股票才能賣，跟做生意一樣，有貨在手賣給人家才叫交易。不過期權既然稱得上是靈活性高的產品，交易方式自然可以破舊立新，投資者是容許在未持有股票的情況下賣出期權。

繼續以神盾藥業發售賣草券為例，我們很明顯見到神盾藥業是在未持有賣草券的情況下賣出賣草券。問題來了，為甚麼神盾藥業可以這樣做呢？原來神盾藥業是世界 500 強企業之一，她擁有龐大財政資源，神盾藥業賴皮不認賬機會率接近零，所以你才有信心向她買入賣草券。

由於賣草券實質上就是期權，從這個例子我們就可以知道甚麼是期權長倉及短倉。期權長倉即從期權持有人角度出發，他擁有以行使價買貨或賣貨的權利，而期權短倉則從期權發售人角度出發，他需要擁有足夠財政資源，以履行期權一旦被行使時需要以行使價買貨或賣貨的責任。再以長生不老草的例子說明，由於你手持賣草券擁有賣草權利，因此是持有期權長倉；而由於神盾藥業擔當發售賣草券的角色，所以是持有期權短倉。

長倉　從期權持有人角度出發,他擁有以行使價買貨或賣貨的
權利

我可以賣或者唔賣

短倉　從期權發售人角度出發,他需要擁有足夠財政資源,以
履行期權一旦被行使時需要以行使價買貨或賣貨的責任

神盾藥業

我有大把錢!

　　當然在投資世界中,我們無辦法知道持有期權短倉的人財務實
力如何,最有效方法就是要求期權短倉者繳交一筆資金防止違約,
而這筆資金就是我們常常聽到的保證金(Margin)。再次強調,
保證金只需期權短倉一方繳付,而期權長倉一方只須支付期權金
即可、毋須額外支付保證金。

1.5
甚麼是期權金？

　　期權賦予持有人擁有以行使價買貨或賣貨的權利，那很自然地期權是有價值的，正如火箭入場券及賣草券一樣，你要付出成本才可以享有這個權利，而這個成本就是我們稱之為期權金（Premium）。

　　在火箭入場券的例子中，你向神盾工廠所支付的 50 萬元就是火箭入場券的期權金，而在賣草券的例子中，你給神盾藥業的 30 萬元就是賣草券的期權金。

　　期權金由兩大部分組成，分別是內在值（Intrinsic Value）及時間值（Time Value），內在值及時間值會直接影響期權價格水平，所以值得多談一點。

> 期權金 = 內在值 + 時間值

（A）　內在值

內在值的定義是指特定相關資產市價與期權行使價的差價，若果計算得出的差價是負數，內在值將會設定為零。內在值之所以不會低於零，原因是期權持有人不會在明知虧損情況下行使期權，任由期權變作廢紙才合乎常理。

另外，由於認購期權及認沽期權的特性不同，差價計算公式也不一樣。

> 認購期權差價 = 特定相關資產市價 - 期權行使價

> 認沽期權差價 = 期權行使價 - 特定相關資產市價

又是時候以例子說明。「聖劍企業」是一間軍工企業，專門生產兵器予士兵擊退外星人。聖劍企業現時市價為 100 元，而市場上分別有行使價 80 元、100 元及 120 元的認購期權正在流通。

下圖是三種認購期權的內在值計算方法：

100 元 (聖劍企業市價)	價外認購期權	行使價 120 元	差價 = 100 元 - 120 元 = -20 元 < 0 元 內在值 = 0 元
	等價認購期權	行使價 100 元	差價 = 100 元 - 100 元 = 0 元 內在值 = 0 元
	價內認購期權	行使價 80 元	差價 = 100 元 - 80 元 = 20 元 內在值 = 20 元

這裏順道跟你介紹三個形容特定相關資產市價與期權行使價之間差價的期權專有名詞，分別是「價內」（In-the-Money）、「等價」（At-the-Money）及「價外」（Out-of-the-Money）。

如果特定相關資產市價低於行使價，那認購期權就叫「價外認購期權」及沒有任何內在值。

如果特定相關資產市價等於行使價，那認購期權就叫「等價認購期權」亦沒有任何內在值。

如果特定相關資產市價高於行使價，那認購期權就叫「價內認購期權」及擁有內在值。

好，那麼現在再假設外星人在全球多處進行恐襲，聖劍企業市價倍升至 200 元，而市場上分別有行使價 160 元、200 元及 240 元的認沽期權正在流通。

下圖是三種認沽期權的內在值計算方法：

200 元 (聖劍企業市價)	價內認沽期權	行使價 240 元	差價 = 240 元 - 200 元 = 40 元 內在值 = 40 元
	等價認沽期權	行使價 200 元	差價 = 200 元 - 200 元 = 0 元 內在值 = 0 元
	價外認沽期權	行使價 160 元	差價 = 160 元 - 200 元 = -40 元 內在值 = 0 元

同樣地，我們可以用「價內」、「等價」及「價外」來形容認沽期權。

如果特定相關資產市價高於行使價，那認沽期權就叫「價外認沽期權」及沒有任何內在值。

如果特定相關資產市價等於行使價，那認沽期權就叫「等價認沽期權」亦沒有任何內在值。

如果特定相關資產市價低於行使價，那認沽期權就叫「價內認沽期權」及擁有內在值。

（B） 時間值

期權在合約期內，其價值很明顯會因特定目標資產的價格波動而變動。時間值就是反映期權於到期日前有多大機會趨向價內的指標之一。

假設其他因素不變，若果期權距離到期日時間愈長，期權時間值就愈高。這是由於剩餘的時間愈長，期權有更高機會變成價內期權，從而令期權價值變得愈高。

另一項影響期權時間值因素是特定目標資產的波幅，波幅愈高，期權時間值就愈高。這是因為特定目標資產變動愈厲害，期權理論上更容易變成價內，期權價值亦會隨之上升。關於波幅對期權價值的影響，本書第 2 章會有更多解說。

期 權 速 獲 利 Flash!

期權進階概念

2.1

期權的運作原理

　　有了期權的基本概念後，接下來便可以看看在現實世界中，期權是如何運作。期權跟股票一樣，價格是按著市場走勢而產生帳面盈虧，並不像銀行存款般每天穩賺滾存利息。

　　「虛無縹緲」是一間提供電子商貿平台的上市公司，而你預計其利潤有大幅提升空間，故此看好其股價於未來半年內至少上升至 70 元。假設今日是 2 月 1 日，虛無縹緲股價為 50 元，而到期日為 7 月 30 日、合約股數為 1,000 股、行使價 70 元的認購期權金則為 4 元。撇除佣金及其他交易費用，買入行使價 70 元認購期權成本為 4 元 x 1,000 股 = 4,000 元。

合約日期：2 月 1 日
股價：50 元
到期日：7 月 30 日
合約股數：1,000 股
行使價：70 元
認購期權金：4 元

買入行使價 70 元
認購期權成本：
4 元 x 1,000 股 = 4,000 元

假設兩個月後的 4 月 1 日，虛無縹緲急升至 80 元，而認購期權金則由 4 元升至 13 元。按市場價值計算，你手持的認購期權市價為 13 元 x 1,000 股 = 13,000 元，即帳面盈利為 13,000 元 - 4,000 元 = 9,000 元。另外，期權是容許於到期日前進行買賣，交易所並無規定投資者一定要持有期權至到期日。如果投資者認為現價合適的話，可於到期日前交易期權。

February

SUN	MON	TUE	WED	THU	FRI	SAT
				①	2	3
4	5	6	7	8	9	10
11	12	13	14	15	16	17
18	19	20	21	22	23	24
25	26	27	28			

認購期權金：4 元
股價：50 元

April

SUN	MON	TUE	WED	THU	FRI	SAT
①	2	3	4	5	6	7
8	9	10	11	12	13	14
15	16	17	18	19	20	21
22	23	24	25	26	27	28
29	30					

認購期權金：13 元
股價：80 元

認購期權市價：13 元 x 1,000 股 = 13,000 元
帳面盈利：13,000 元 - 4,000 元 = 9,000 元

眼見虛無縹緲強勢漸現，你打算博虛無縹緲升抵 100 元才沽出認購期權獲利。不過世事豈能如人所意，虛無縹緲於 7 月 30 日到期日當日非但沒有破百元大關，反而下跌至 71 元結算。由於認購期權合約成本為每股 4 元，加上行使價 70 元，因此這個策略的打和點（即是到期日行使期權後沒有賺蝕）就是當虛無縹緲升至 4 元 +70 元 =74 元。

　　現時虛無縹緲股價為 71 元，你行使認購期權後賺取（71 元 -
70 元）x 1,000 股 = 1,000 元盈利，但扣除 2 月 1 日已付出 4,000
元的認購期權金成本，整個策略錄得 4,000 元 -1,000 元 =3,000
元虧損，之前帳面盈利一切化為泡影。

認購期權金：71 元 - 70 元 = 1 元
當日股價：71 元

行使認購期權後賺取：（71 元 - 70 元）x 1,000 股 = 1,000 元
策略盈虧金額：1,000 元 - 4,000 元 = -3,000 元

　　下表總結買入認購期權策略的盈虧變化：

	2 月 1 日	4 月 1 日	7 月 30 日
虛無縹緲股價	50 元	80 元	71 元
認購期權價格	4 元	13 元	1 元
期權合約價值	4,000 元	13,000 元	1,000 元
盈虧金額	0 元	9,000 元	-3,000 元

2.2

為何使用期權？

明白了期權運作原理後，接下來你很自然會問，「為甚麼投資者要使用期權呢？」其實投資者買賣期權，最主要有以下三個原因：

(A) 方向性買賣

絕大部分情況下，投資者炒股會先買入股票，然後等待股價上升沽貨獲利；水平較高的投資者還可以問券商借貨沽空，等待股價下跌平倉獲利。然而，期權跟股票不同之處是不論市況是上升、下跌或橫行，都有獲利機會。

如果你認為一隻股票股價將會上升，你可以買入認購期權。若果你認為那隻股票會下跌，買入認沽期權就可以了。至於股價橫行又如何呢？ 你只要將角色調轉來思考就能想得通。買入認購期權或認沽期權的投資者是希望股價上升或下跌，而賣認購期權或認沽期權的一方要獲利自然是希望股價橫行，等待到期日來臨，並沒收期權買家所支付的期權金。因此，如果預期一隻股票股價窄幅波動的話，你可以沽出認購期權或認沽期權。

（B）對沖

除了作方向性買賣外，期權其中一個主要用途就是對沖，為投資者帶來一份保障。

舉例說，你任職的公司成功賣盤予內地大企業，舊老闆答允向全體同事派發六個月薪金作為答謝金。由於你一直看好香港股市會爆升，恨不得即時將這筆巨款全數買入盈富基金（2800）。可惜由於賣盤所得的資金是分期付款，舊老闆要三個月後收齊尾數才能發放這筆答謝金。

你很有信心盈富基金短時間內會上升，但答謝金又尚未到手，眼見自己有錢在手都要見財化水，感到非常不值！在這情況下，認購期權幫到你。由於你認為盈富基金於三個月內會上升，你可以買入認購期權作保護，一旦盈富基金於三個月後上升，你可以利用認購期權所賺到的利潤，對沖未收到答謝金期間盈富基金的升幅。

除了對沖股市升幅外，期權也可以用來為你手上持股作保險。假如你持有滙豐控股（0005）作長線收息，但你認為環球股市未來兩個月將大幅回落，這個時候認沽期權就能起到對沖作用。如果你想限制滙控股價被股市拖累的下跌風險，你只要買入認沽期權作保護，萬一滙控真的一如預期大幅下跌，認沽期權獲利的利潤就能抵銷滙控所錄得帳面損失。

(C) 套戥

期權最後一個用途就是套戥。由於科技進步令市場愈來愈有效率，現時套戥機會已經買少見少，但都可以用例子簡單講講其運作原理。

「皇氣汽車」是一間生產電動車的汽車生產商，現時股價為120元。你學懂期權基本概念後，自然會學以致用查看期權報價，碰巧發現一個月後到期、行使價125元的認沽期權報價是4元。如果遇到以上機會，你必定要大注參與，因為這就是千載難逢的套戥機會。

很簡單，你只要同時以120元買入皇氣汽車股票及以4元買入行使價125元認沽期權，就可以於一個月後至少賺到無風險利潤1元。

下圖是一個月後皇氣汽車股票及認沽期權的總利潤計算過程：

皇氣汽車股價	股票盈虧	股價低於認沽期權行使價？	認沽期權利潤	總利潤 =股票盈虧 +認沽期權利潤 -認沽期權成本
130 元	130 元-120 元=10 元	不是，放棄行使認沽期權	0 元	10 元+0 元-4 元=6 元
120 元	120 元-120 元=0 元	是，行使認沽期權	125-120 元=5 元	0 元+5 元-4 元=1 元
100 元	100 元-120 元=-20 元	是，行使認沽期權	125 元-100 元=25 元	-20 元+25 元-4 元=1 元

由此可見，皇氣汽車的股價在一個月後，無論是上升、下跌或不變，你都可以賺到至少 1 元總利潤，並且沒有任何虧損風險，這就是套戥例子。

2.3
甚麼是未平倉合約？

記得初次接觸期貨或期權時，真的被「未平倉合約」（Open Interest）考起一番。不過後來實戰參與市場後，發覺未平倉合約一點都不難理解。

未平倉合約的定義是指在特定衍生工具市場中有多少張金融合約仍未被平倉，例如 5,000 張滙控（0005）認購期權未平倉合約，就是指滙控認購期權仍有 5,000 張合約尚未結算。

期權 / 期貨開倉及平倉表

情境	動作
在沒有持有期權 / 期貨長倉的情況下	沽出期權 / 期貨（開倉）
在沒有持有期權 / 期貨短倉的情況下	買入期權 / 期貨（開倉）
在持有期權 / 期貨長倉的情況下	沽出期權 / 期貨（平倉）
在持有期權 / 期貨短倉的情況下	買入期權 / 期貨（平倉）

註：平倉是指期權 / 期貨交易者買入或賣出與其手持期權 / 期貨相同數量及到期月份、但交易方向相反的合約，以結算原有持倉。

　　無論新交易者進場或原有交易者離場，未平倉合約都有機會增加或減少。不過你只要牢記以下四種情況，其實未平倉合約計算過程不算太複雜。

買方	賣方	未平倉合約
新長倉	新短倉	增加
新長倉	沽出原先持有長倉	不變
回補原先持有短倉	新短倉	不變
回補原先持有短倉	沽出原先持有長倉	減少

　　舉例說，一間叫「千年狂牛」的資產管理公司看好大市，並買入 100 張認購期權新倉，而另一間叫「萬里長空」的基金公司則看淡大市沽出 100 張認購期權新倉。由於一間公司開新長倉及一間公司開新短倉，那認購期權未平倉合約便會因此而增加 100 張。要留意的是，因為買賣雙方交易實際只涉及 100 張新倉，故此不要乘二變成 200 張未平倉合約。

雙方交易實際只涉及 100 張新倉，故此不要乘二變成 200 張未平倉合約

再舉一個例子說明，原來一個月後大市上升，「萬里長空」眼見認購期權短倉愈輸愈多，決定忍痛平倉。另一間名為「百年孤寂」的對沖基金想博大市高位回落，因此想開新倉沽出 100 張認購期權。一間公司回補原先持有短倉及一間公司開新短倉，那麼認購期權未平倉合約便會維持不變。

一間公司回補原先持有短倉及一間公司開新短倉，那麼認購期權未平倉合約便會維持不變

「萬里長空」決定平倉

結算合約吧！

看淡大市沽出 100 張認購期權

未平倉合約主要用途是反映資金流向，例如大市突破橫行向下突破，而未平倉合約數量又大幅增加的話，某程度反映有大手資金看淡後市。配合大市走勢，未平倉合約是一個頗實用的資金流向參考指標。

最後需要注意的是，成交張數及未平倉合約之間並沒有一個必然關係，例如成交張數高並不代表未平倉合約一定會高，這個概念必須要弄清楚。

2.1

甚麼是鎖倉？

　　或許你聽別人提過，投資者可以透過「鎖倉」增加回報及／或減低風險。說出「鎖倉」這個如此威武的詞語，至少輸人不輸陣，形象即時變得非常專業。然而參照過往實戰經驗，將一件事情複雜化，分分鐘不得要領。

　　那究竟甚麼是「鎖倉」呢？「鎖倉」又跟「平倉」有甚麼分別呢？先重溫「平倉」概念，「平倉」是指期權／期貨交易者買入或賣出與其手持期權／期貨相同數量及到期月份、但交易方向相反的合約，以結算原有持倉。其實「鎖倉」及「平倉」的操作方向一致，但「鎖倉」定義上則沒有「平倉」那麼高要求，「鎖倉」是指期權／期貨交易者以透過與持倉相反的交易策略，極大幅度抵銷原有持倉的價格風險（Market Exposure）。

　　舉例說，假設你原先持有一張禿鷹公司 2020 年 12 月到期、行使價 2,800 元認購期權，但後來你認為公司潛力不如想像般這麼大，故此想止蝕離場。最簡單直接方法當然是沽出手上那張禿鷹公司 2020 年 12 月到期、行使價 2,800 元認購期權平倉。當然你可以堅持不放棄，那你可以沽出禿鷹公司 2020 年 11 月到期、行使價 2,800 元認購期權鎖倉，將原先認購期權倉位浮動盈虧大幅度鎖定。進行「鎖倉」後，倉位浮動盈虧將不會進一步擴大。

　　以上述例子來說，如果禿鷹公司 2020 年 11 月到期處於 2800 元以下結算、2020 年 12 月月內短暫升穿 2,800 元讓閣下沽出離場，你是有機會不用錄得虧損離場。另外值得一提的是，投資者可用多種方法「鎖倉」，並不只限於一種方法。再以上述例子來說，投資者是可以透過沽空禿鷹公司正股來「鎖倉」。只要能夠極大幅度抵銷原有持倉的價格風險，都可被視為「鎖倉」策略。

　　不過「鎖倉」有一個明顯缺點，就是你「鎖倉」後將會同時出現長倉及短倉，大部分情況下需要額外付出按金。就算兩組可以同時符合抵銷按金要求，日後平倉亦會產生額外佣金及其他滑移成本。因此，「鎖倉」並不一定會降低風險。

　　一般來說，除非因特殊因素未能將原有持倉平倉（例如某個市場因假期休市），否則新手絕對不宜用「鎖倉」來應付倉位波動，「鎖倉」一詞有型但並不代表一定賺錢。

甚麼是對沖值（Delta）？

在開始講解對沖值（Delta）前，我想問你一個問題。假如手持一張行使價與正股市價一樣的認購期權，每當正股升 1 元，你手上的認購期權理論上應該升多少呢？

認購期權是否應該升 1 元呢？ 除非你手上的認購期權下一秒鐘到期，否則正常情況下期權都不會跟正股一樣升 1 元。這是由於認購期權一日未到期，正股是有機會跌穿行使價，從而令期權變成廢紙。假設正股上升及下跌概率一樣，那麼認購期權應該升多少才是合乎常理呢？

在回答這條問題前，我們不妨試轉一個角度想，一張行使價與正股市價一樣的認購期權，持有至到期日有多大機會率會變成價內呢？由於正股升跌為五五波，即是正股上升機會率是 50%，認購期權變成價內的機會率亦是 50%。答對這條問題的朋友恭喜你，因為答案已經呼之欲出。每當正股升 1 元，手上認購期權升幅 = 期權到期時進入價內機會率 x 1 元 = 50% x 1 元 = 0.5 元。

Delta，是第四個希臘字母，在數學及理科公式中有「變化」的意思，放在投資亦一樣。在期權世界，對沖值（Delta）是衡量特定目標資產每一個單位變化，導致期權價格變動的幅度。對沖值用途有點像期權測速儀，就是想知道正股每變動 1 元、2 元或 5 元，期權金理論上應該變動多少。

舉例說，如果現時滙控的 100 元認購期權的對沖值是 0.6，我們可以知道滙控上升 0.5 元，期權金理論上應該上升 0.5 元 X 對沖值 = 0.5 元 x 60% = 0.3 元。從以上例子我們亦見到對沖值另一個含義，就是其絕對數值（Absolute Value）大小是反映市場認為到期日該期權在價內結算的機會率。若果滙控 100 元認購期權的對沖值是 0.6，即是代表滙控於到期日價格在 100 元或以上的機會率為 60%。

認沽期權對沖值的原理跟認購期權一樣，唯一不同之處是認沽期權的對沖值為負數。如果滙控 70 元認沽期權的對沖值為 -0.4，滙控每下跌 1 元，認沽期權理論上升 = -1 元 x 對沖值 = -1 元 x -0.4 = 0.4 元。

另外，由於對沖值反映期權於到期日在價內結算的機會率，因此最大值只會是 1，而最小值則是 -1（因為根據數學定義，機會率最大絕對值是 1）。

$$-1 <= 對沖值 <= 1$$

為甚麼對沖值如此重要呢？原因很簡單，因為你要用對沖值去計算用多少張期權做對沖。再用對沖值 -0.4 的滙控 70 元認沽期權做例子，如果要完全對沖滙控跌幅的話，對沖張數 = 1/ 對沖值 = 2.5 張，即是你要買入 2.5 張認沽期權才能為抵銷一手匯控潛在跌幅。

對沖張數 = 1/ 對沖值

　　然而，請留意對沖值（及對沖張數）並不是一個不變的數值，它會隨其他因素如正股價格、正股波幅及時間等而變動。例如，價內期權愈接近到期日的價內認購期權會逐步接近 1，這是由於離到期日時間愈短，本身在價內的認購期權變成價外的變數愈來愈少。

　　至於對沖值數據在那裏可以找到呢？其實一點都不困難，只要你在券商開通期權買賣戶口後，券商所提供的報價系統就會有一欄專門顯示對沖值數據。

　　期權還有其他希臘文字如 Gamma、Theta、Vega、Rho，但這些都是屬於高階指標，作為入門投資者不懂以上希臘字母絕對不會影響交易期權。

甚麼是引伸波幅 （Implied Volatility）？

接下來這個概念會稍為複雜，不過只要了解背後的意義，其實應用起來是非常容易的。相信你都聽過不少期權投資者會將引伸波幅（Implied Volatility）掛在口邊，究竟這是一個甚麼概念呢？

引伸波幅是市場共識認為特定目標資產的預期波幅水平，這個數值是透過將期權市價，代入期權世界最著名的「布萊克斯克爾斯期權定價模型」（Black-Scholes Model）而計算出來。由於這本是期權入門書，你毋須了解期權定價模型的推演過程，只要知道箇中做法就相當足夠。

假設其他因素不變，引伸波幅愈大，期權價格就愈高。出現這個現象的原因很容易理解，特定目標資產波幅愈高，代表期權趨向價內的機會率亦相應提高，期權短倉一方自然要求更多期權金以補償增加的風險。由於引伸波幅及期權價格是存在一個正面關係，因此引伸波幅常被期權投資者用作為衡量期權估值高低的指標。

不過問題來了，如何決定引伸波幅水平是高或低呢？舉個例，每日 3% 波幅對公用股來說是高波幅，但對比特幣來說只是小兒科。由於引伸波幅是受很多因素影響，例如大市避險情緒高低、股份是否處於業績期前夕或是否進行企業行動，即使是專業投資

者也不一定能夠準確拿捏引伸波幅水平。

　　然而，這並不代表投資者甚麼都不用做；市場上通常做法是，參考特定目標資產的歷史波幅水平，以決定引伸波幅處於一個甚麼水平。例如引伸波幅遠高於過去 30 天特定目標資產歷史波幅，那期權成本就有可能處於偏高水平。除非你對特定目標資產走勢滿有信心，否則不應長期在偏高引伸波幅水平買入期權，以免引伸波幅收縮導致回報低於預期。

　　跟對沖值一樣，只要你在券商開通期權買賣戶口後，券商所提供的報價系統就會有一欄專門顯示引伸波幅數據。

2.7

影響期權金的六大因素

到了進階篇尾聲,這亦是期權最難的部分,不過如果能夠掌握以下概念,這對期權交易有莫大幫助。期權金會受六大因素影響,分別是特定目標資產價格、行使價、距離到期日時間、波幅、利率及股息。假設我們獨立分析每一個因素,可以看看不同因素對期權金的影響如何。

因素 1:特定目標資產價格

先談認購期權,期權金的高低,視乎特定目標資產價格與行使價差距而定。如果特定目標資產價格愈高,代表差距愈大,即是期權行使後回報空間愈大,期權金亦會愈高。

同樣道理,認沽期權期權金的高低,亦要看行使價與特定目標資產價格差距而決定。如果特定目標資產價格愈低,代表差距愈大,即是期權行使後回報空間愈大,期權金自然水漲船高。

因素 2：行使價

明白特定目標資產高低對期權金影響的原理後，自然能夠舉一反三明白行使價高低對期權金影響。由於特定目標資產價格與行使價差距影響期權金的高低，認購期權行使價愈低，即是差距愈大，行使期權後回報空間愈大，期權金亦愈高。至於認沽期權方面，如果行使價愈高，代表差距愈大，期權金就愈高。

因素 3：距離到期日時間

由於期權金是由內在值及時間值所組成，假設其他因素不變，期權距離到期日時間愈長，代表未來變數愈大，故此期權金的價值就愈高。

因素 4：波幅

延伸上一篇引伸波幅的概念，波幅是指特定相關資產的波動率，即是未來一段時間股價上落變動的可能性。對於持有股票來說，如果向上或向下變機會率一樣的話，兩者互相抵銷下，波幅升高是不能提高或降低那隻股票回報期望值的。

不過對期權來說就大有分別了，因為期權持有人最大虧損只會是期權金，波動上升有利他們獲取更高回報。所以不論是認購期權或認沽期權，波幅上升均會令期權金上升。

因素 5：利率

利率是指無風險利率，即是在零風險下獲取的回報率，在香港銀行的定期存款利率或美國國庫債券孳息率可被視為期權的利率指標。利率高低對期權的影響並不是這麼容易理解，你可能要花點時間消化以下解說。

假設其他因素不變（請注意特定目標資產價格也維持不變），利率上升後，所有未來收到的現金流現值會下跌，這是由於無風險回報率上升，放在銀行的定存利率上升，投資者資金的機會成本就會因而上升。或者用更淺白字句來表達，整個社會愈容易在零風險下賺到錢，未來的錢就變得愈不「值錢」。

在金錢不「值錢」下行使期權，收錢一方會較蝕底，而付錢一方則較著數。根據定義，行使認購期權後要付出一筆相等於行使價的金額去買入特定相關資產，而行使認沽期權則會收到一筆相等於行使價的套現金額。換句話說，認購期權長倉者是未來潛在付錢方，而認沽期權長倉者則是收錢方。因此如果利率上升（下跌），認購期權期權金會上升（下跌），而認沽期權期權金則會下跌（上升）。

因素 6：股息

當一隻股票落實派發股息後，撇除除淨日股價本身變動，股價將會於除淨日跌去相等股息金額的幅度。假如其他因素不變，如果一隻股票公布增加派息，這對認購期權長倉不利、但有利於認沽期權長倉，原因是行使期權後特定目標資產價格下跌得比預期

多。所以股息上升（下跌），認購期權期權金會下跌（上升），
而認沽期權期權金會上升（下跌）。一般情況下，股票期權價格
已反映預期派息或除息影響，這點在實戰篇會多作解釋。

下表總結六個因素對期權金的影響

因素	認購期權	認沽期權
特定目標資產價格上升	上升	下跌
行使價上升	下跌	上升
距離到期日時間變長	上升	上升
波幅上升	上升	上升
利率上升	上升	下跌
股息上升	下跌	上升

註：需假設其餘五個因素維持不變

2.8

窩輪及牛熊證 VS 期權

　　香港是一個非常特別的市場，每天窩輪及牛熊證成交額佔大市成交可以高達兩成。你可能會問，窩輪、牛熊證及期權同樣是衍生工具，究竟它們有甚麼分別呢？在探討三者之間的分別前，我們先簡單看看窩輪及牛熊證這兩種產品有甚麼特色。

　　在香港，窩輪通常是由投資銀行所發行，持有人有權於到期日內，以行使價向投資銀行買入或沽出特定目標資產。跟期權一樣，窩輪可分為兩種，擁有向投資銀行買入特定目標資產權利稱為「認購證」，而擁有向投資銀行沽出特定目標資產權利則稱為「認沽證」。

　　至於牛熊證，同樣地由投資銀行所發行，投資只要承擔利息開支就可以換取槓桿效應。不過，牛熊證設有強制收回機制，只要特定目標資產觸及投資銀行預先設定的收回價，即使牛熊證尚未到期，亦會被投資銀行即時強行收回，投資者因而會損失絕大部分甚至是全部投資金額。牛熊證亦是三者之中唯一擁有強制收回機制的衍生工具。牛熊證一樣分為兩大類，看好特定目標資產就選擇「牛證」，看淡特定目標資產則可選擇「熊證」。

　　窩輪、牛熊證及期權三者都有槓桿效應，並且可以作方向性買賣及用來做對沖。不過期權跟窩輪及牛熊證的最大的分別是，窩輪及牛熊證是不容許在沒有持貨情況下做短倉，即是要沽貨必須

要有貨在手。由於不能夠沽空，窩輪及牛熊證的策略靈活性是遠遠比不上期權。

既然窩輪及牛熊證靈活度遜於期權，為何窩輪及牛熊證成交額如此高呢？原因是投資銀行開價較進取，在合理買賣差價下，他們置放買賣盤的金額普遍遠高於期權，適合大戶於短時間內以高槓桿上銀彈買賣。不過如果是資金量較少的投資者，出入靈活性則較大戶高，策略多變的期權會是更好的選擇。

期 權 速 獲 利 Flash!

3

買賣期權篇

3.1

如何開立期權戶口？

期權合約可以由買賣雙方在交易所或場外進行交易，在交易所內進行期權買賣稱為場內交易，而於交易所以外的地方進行期權買賣則叫做場外交易。對於一般投資者來說，場內交易相對於場外交易會較可靠及便捷，原因有兩個：

1. 由於場內交易是由交易所旗下結算所負責結算，交易對手違約風險近乎零，投資者可以放心買賣期權。

2. 交易所內買賣的期權全部都是標準化合約，合約大小、到期日、行使方式等條款均由交易所制定，你不用像場外交易般費神撰寫期權條款。

在香港，大部分銀行均沒有提供期權交易服務，即使有的話，其網上交易平台亦不方便用家使用。筆者建議你若想開立期權戶口，可以到財務狀況及信譽良好的證券行開戶。另外，現時各大持牌證券行所提供的都是場內期權交易服務，所有合約均由結算所負責結算，交易透明度高而且相當可靠。

至於開戶流程亦很簡單，你只要準備以下個人資料，包括身份證明文件副本、最近三個月內的住址證明及銀行資料，連同開戶表格一併交回證券行就能開戶。

　　本港期權交易市場有兩大類，分別是指數期權及股票期權。指數期權由期貨結算所負責結算，而股票期權則由期權結算所負責結算。因此，若果你要一併交易指數期權及股票期權的話，記得向證券行表示要同時開立期貨戶口（交易指數期權）及股票期權戶口（交易股票期權）。另外，期權行使時可能涉及實物交收，筆者建議你可以於同一間證券行開立股票戶口，以方便管理投資組合。

身份證副本、住址證明

我去開期權戶口啦！

按金要求

正如本書較早時所講，你不知道期權短倉一方財政實力如何，最可靠預防違約的方法就是先行放一大筆資金給第三方作保證金。這就是交易所規定的按金制度，所有期權短倉一方必須繳付按金給結算所，以滿足期權被行使時的資金需要。

期權按金金額會受行使價、特定相關資產現價、到期日、波幅、利率及股息六大因素（可重溫 2.7 章節）影響。閣下的證券行每日會根據期權短倉未平倉合約市價，去計算所需維持按金水平，而本書較後章節會教你如何到港交所網站搜尋按金資料。另外要注意的是，證券行是有權收取多於港交所要求的按金，請你買賣前要先確認閣下的證券行是否跟隨港交所定下的按金要求。

若果收市後投資戶口淨值低於該水平，你的證券行就會要求你增加按金（俗稱 Call Margin）。如果你無法達到追加按金要求，閣下的倉位就有被斬倉的風險。此外，當市場大幅波動時，結算所是有權要求證券行即日為期權短倉按市價計值，以追收按金防範金融風險。風平浪靜自然不會出現以上情況，但不怕一萬只怕萬一，這點是需要謹記的。

但有一種例外情況，持有期權短倉是毋須繳付按金，就是沽出備兌認購期權（Short Covered Call）。投資者只要以相同股數之特定相關資產作為備兌，則毋須向證券行存入按金，這點亦會在

較後章節談到。順道一提，除非涉及股票交收，否則買賣期權毋
須繳付印花稅。

3.3

買賣指示

買賣股票指示投資者早已背到熟瓜爛熟，你只要向銀行或證券行報上股票名稱／編號、買賣方向、股數及價格就能下達交易盤。由於期權條款較多元化，買賣指示自然也較多，以下總結買賣期權一系列必要指示，好讓你操作更得心應手。

買賣期權必要指示：

(a) 特定相關資產名稱 （例如恒生指數、滙豐控股）

(b) 認購或認沽期權

(c) 到期年份及月份

(d) 行使價

(e) 買賣手數

(f) 期權金價格

(g) 買入或沽出

(h) 開倉或平倉 （非必要指示，但能大幅減低落錯盤機會）

開倉及平倉表

情境	動作
在沒有持有認購期權長倉的情況下	沽出認購期權（開倉）
在沒有持有認沽期權長倉的情況下	沽出認沽期權（開倉）
在沒有持有認購期權短倉的情況下	買入認購期權（開倉）
在沒有持有認沽期權短倉的情況下	買入認沽期權（開倉）
在持有認購期權長倉的情況下	沽出認購期權（平倉）
在持有認沽期權長倉的情況下	沽出認沽期權（平倉）
在持有認購期權短倉的情況下	買入認購期權（平倉）
在持有認沽期權短倉的情況下	買入認沽期權（平倉）

3.4
股票期權

　　認識開戶流程及按金制度後，接下來就要看看有甚麼類型期權可以供你買賣。在香港，場內期權交易有股票期權及指數期權兩大類。先說股票期權，現時香港可供買賣的股票期權涉及 87 隻股票（又稱正股），以下為港交所股票期權搜尋連結，你可到港交所查看最新股票期權買賣名單（見附錄 1）：

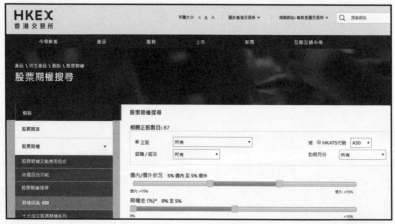

連結：
https://goo.gl/jQtZPx

　　這個股票期權搜尋連結非常方便，投資者只要輸入正股、到期月份、期權類型（認購 / 認沽）、價內或價外狀況等資料，就能找到心水期權。雖然是延時至少 15 分鐘數據，但常見的重要數據如

引伸波幅、30 天歷史波幅、對沖值、成交量、上日未平倉合約總額通通能夠免費看到，非常適合投資者進行部署。

　　場內期權其中一個特色是合約標準化，所有投資者都要根據港交所制定的合約細則進行交易，下表是香港股票期權的合約概要：

項目	合約細則
合約月份 （Contract Month）	即月、隨後三個曆月、隨後三個季月
合約股數 （Contract Size）	請參考附錄 1
合約價值 （Notional Value）	每股期權金 x 合約股數
交易時間 （Trading Hour）	上午 9 時 30 分至中午 12 時正及下午 1 時正至下午 4 時正　（註：股票期權並沒有競價時段）
到期日 （Expiry Date）	到期月份最後第二個營業日
行使方式 （Exercise Style）	美式期權，期權持有人可於任何營業日（包括最後交易日）的下午 6 時 45 分之前隨時行使，但要注意證券行對下達指示的截止時間將會較下午 6 時 45 分早，請向閣下證券行查詢詳情。
交收方式 （Settlement）	股票期權買賣以現金交收（T+1），股票期權行使時則以正股實物交收（T+2）。

交收過程 (Settlement Process)	若果投資者持有認購期權或認沽期權長倉於到期日的內在值是行使價 1.5% 或以上都會被結算所自動行使。 若果投資者所沽出的認購期權被行使，投資者需於下兩個工作日（T+2）交收股票。對於沒有正股做備兌的投資者，必須於下一個工作日（T+1）內買入相關正股。 至於如果投資者所沽出的認沽期權被行使，投資者有責任以行使價接貨買入相關正股，投資者於下一個工作日（T+1）內準備足夠資金以行使價買貨。 每一張股票期權行使時，港交所都會取收 2 港元行使費用。

資料來源：港交所

有個情況雖然很少出現，但你仍須知道怎樣處理，就是正股停牌對股票期權的影響。正股停牌，順理成章其股票期權亦會停牌，但股票交收仍然會按正常程序進行，即是長倉持有人仍然可以行使股票期權，而期權合約雙方需於下兩個工作日（T+2）進行交收。若果正股在期權到期日仍未復牌，結算價就以正股最後所報價的收市價作準。當然，期權持有人仍有權利行使期權。

3.5

指數期權

香港最活躍的指數期權必定是恒生指數期權（下稱「恒指期權」）及國企指數期權（下稱「國指期權」）。恒生指數及國企指數是亞洲區廣泛被投資者採納的基準指數之一，兩隻指數的成分股主導每天大市走向及成交額。以香港兩隻旗艦指數做特定目標資產的指數期權，自然是投資者互相角力的戰場。要在競爭如此激烈的市場跑出，必定要先知道這兩隻指數期權的玩法。

跟恒生指數及國企指數期貨一樣，恒指期權及國指期權按合約乘數分為每點 50 元及每點 10 元的期權系列，亦即係俗稱為「大型期權」及「小型期權」。由於小型期權的合約乘數為大型期權的五分之一，期權的盈虧變動亦是大型期權的五分之一，方便投資者進場及執行交易策略（如微調對沖）。

為了豐富現有的標準月度指數期權組合，港交所亦推出恒指及恒生國企指數的每周指數期權合約，為投資者提供風險管理工具，管理恒指及恒生國企指數持倉的短期風險。每周指數期權與月度指數期權十分相似，只是到期日是在每周最後一個營業日，而非每月倒數第二個營業日。

另外港交所也提供具靈活性的自訂條款指數期權合約，但一般投資者只要了解標準的月度指數期權，已經足夠上陣殺敵。

下表是恒指期權及小型恒指期權的合約細則：

項目	合約細則
合約月份 (Contract Month)	短期期權：即月，下三個月及之後的三個季月 長期期權：之後三個 6 月及 12 月合約以及再之後三個 12 月合約
合約乘數 (Contract Multiplier)	恒指期權：每點 50 港元 小型恒指期權：每點 10 港元
交易時間 (Trading Hour)	上午 9 時 15 分至中午 12 時正、下午 1 時正至下午 4 時 30 分，及下午 5 時 15 分至凌晨 3 時正（合約到期日收市時間為下午 4 時正）
交收方式 (Settlement)	交收日是 T+0，開倉前需要存入期權金或按金
到期日 (Expiry Date)	到期月份最後第二個營業日

行使價間距 (Strike Price Intervals)	指數點	行使價間距
	短期期權：	
	≥ 20,000	200
	≥ 5,000 至 < 20,000	100
	< 5,000	50
	長期期權：	
	≥ 20,000	400
	≥ 5,000 至 < 20,000	200
	< 5,000	100

行使方式 (Exercise Style)	歐式期權

交收過程 （Settlement Process）	於到期日以現金結算，而最後結算價為到期日恒生指數每 5 分鐘所報指數點的平均數；港交所之所以有此安排，主要目的是減低指數於最後一刻出現不必要波動

資料來源：港交所

　　以下是恒指期權及小型恒指期權搜索器連結，投資者只要輸入到期月份、期權類型（認購 / 認沽）、行使價範圍這三項資料，就能找到心水期權。雖然是延時至少 15 分鐘數據，但常見的重要數據如引伸波幅、成交數量、未平倉合約都能在此找到。

　　另外，以下連結更有不同行使價的按金估算表以供參考，讓投資者開期權短倉更有預算。

恒指期權

連結：

https://goo.gl/SRrnGB

小型恒指期權

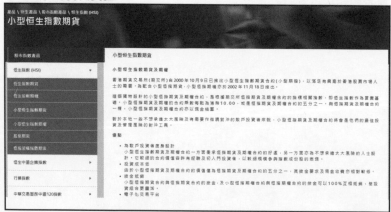

連結：

https://goo.gl/2CuiBC

下表是國指期權及小型國指期權的合約細則：

項目	合約細則	
合約月份 （Contract Month）	短期期權：即月，下三個月及之後的三個季月 長期期權：之後三個 6 月及 12 月合約以及再之後三個 12 月合約	
合約乘數 （Contract Multiplier）	國指期權：每點 50 元 小型國指期權：每點 10 元	
交易時間 （Trading Hour）	上午 9 時 15 分至中午 12 時正、下午 1 時正至下午 4 時 30 分，及下午 5 時 15 分至凌晨 3 時正（合約到期日收市時間為下午 4 時正）	
交收方式 （Settlement）	交收日是 T+0，開倉前需要存入期權金或按金	
到期日 （Expiry Date）	到期月份最後第二個營業日	
行使價間距 （Strike Price Intervals）	指數點	行使價間距
	短期期權：	
	≥ 20,000	200
	≥ 5,000 至 < 20,000	100
	< 5,000	50
	長期期權：	
	≥ 20,000	400
	≥ 5,000 至 < 20,000	200
	< 5,000	100
行使方式 （Exercise Style）	歐式期權	
交收過程 （Settlement Process）	於到期日以現金結算，而最後結算價為到期日國企指數每 5 分鐘所報指數點的平均數；港交所有此安排，主要目的是減低指數於最後一刻出現不必要波動	

　　同樣地，以下是國指期權及小型國指期權搜索器連結，投資者只要輸入到期月份、期權類型（認購／認沽）、行使價範圍這三項資料，就能找到心水期權的重要數據；而以下連結亦有對應的按金估算表。

國指期權

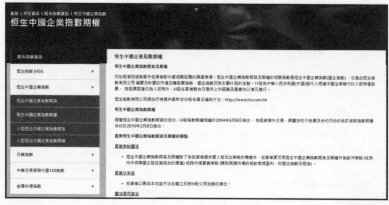

連結：
https://goo.gl/6aZ41K

小型國指期權

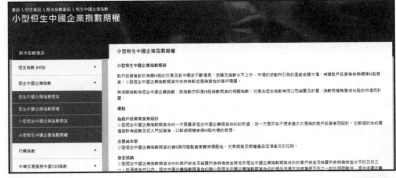

連結：

https://goo.gl/QRtjoE

3.6

股息對股票期權影響

在絕大部情況下，投資者是不應該提前行使美式期權，這是因為期權持有人提前行使期權只能獲得期權內在值的利潤，並放棄期權距離到期日的時間值（註：期權金是由內在值及時間值所組成）。

不過有種情況是例外，就是除淨日前行使美式認購期權收取股息。香港股票期權是美式期權，對於股票期權持有人來說，提前行使認購期權就能享有派息。不過如果投資者提前行使期權，就要放棄原先付出期權金換取股價變動的機會。投資者在考慮是否行使股票期權時，就要衡量收取的股息是否多於期權餘下的時間值及手上資金的機會成本。

這樣說可能有點抽象，以下用一個例子說明會較易理解。

假設今日為 10 月 12 日，恒生銀行（0011）將於 10 月 13 日中期息除淨每股 1.2 元，而你現時持有恒生銀行 10 月 31 日到期的認購期權，並盤算是否行使認購期權。

如果選擇行使期權，就要向證券行存入資金買入恒生銀行正股，但就有權於派息日收取每股中期息 1.2 元。換成正股後，但你就要承受恒生銀行股價下跌的風險。不過若果你選擇保留期權，你沒有權利收取股息，但可繼續以期權金為最大虧損的情況下，博恒生銀行於期權到期日前繼續上升。

比方說，如果你要用孖展來購入恒生銀行正股，在資金機會成本高的情況下，就沒有必要提前行使股票認購期權了。

正因股票期權有機會被人提前行使，故此建立認購期權短倉前，必須要留意正股會否在到期日前派發股息，以免對方行使期權時大失預算。股票派息備忘可參考各大財經除淨備忘錄或到港交所網站查閱派息公告。

在較早篇章時本書提及一般情況下，股票期權已反映派息或除息影響，這又是甚麼意思呢？即使投資者可以考慮是否提前行使認購期權以享受股息，但事實上，市場上很少百分比的期權合約會被行使，原因是投資者已將除息影響及市場上資金成本一併納入考慮。

舉個例子，參考過往派息紀錄知道，中電控股（0002）每年三月中會有每股約 1.1 元末期息除淨。假如中電 3 月初市價為 84 元，而我們想買入行使價 85 元、3 月尾到期的認購期權時，明知道中電 3 月中除淨會令到升抵 85 元機會率會較其他月份低（假設其他因素不變），那麼我們必定會要求較低的期權金以反映上述不利情況。由此可見，市場是相當精明的，想藉股票除息來賺取無風險利潤是不可行的。

另外，港交所亦會對於變化較大的資本行動股票期權（如派特別息、發紅股、股份合併及拆細、供股）進行調整，否則這會大大影響未平倉合約。由於這些資本行動在除淨日並不會改變正股總值（假設其他因素不變），以達至對所有投資者公平的原則。

　　港交所會就企業行動公布一系列維持合約公平價值的調整比率，以保持期權價值公平合理。舉例說，如果有股票公布每兩股合併成一股，港交所會將其所有股票期權未平倉合約的行使價增加至原來價格的兩倍，而合約股數則減少一半，以示公允。

港交所會對變化較大的資本行動股票期權進行調整，例如派特別息、發紅股、股份合併及拆細、供股等。

3.7

交易成本

　　在實際操作上，特別是期權金總值較低的期權，交易成本對期權回報會有極大負面影響。所謂交易成本，主要是由佣金、交易徵費及買賣差價三方面所組成，而無論交易賺蝕如何，以上成本都會產生。

　　先說佣金，每間銀行及證券行的收費均有不同。現時股票期權普遍收費為期權金總值的 0.20 至 0.25%，並有最低佣金限制（例如 20 元、50 元或 100 元），而指數期權則以每張定額收費，現時普遍收費為 10 至 50 元。

　　至於交易徵費方面，港交所對投資者都是一視同仁，不論你用哪間銀行或證券行都不會有優待。以下為港交所指數期權及股票期權的交易徵費表：

指數期權	恒生 指數期權	小型恒生 指數期權	國企 指數期權	小型國企 指數期權
交易徵費	每邊每張合約 10.54 港元	每邊每張合約 3.6 港元	每邊每張合約 4.04 港元	每邊每張合約 1.54 港元

資料來源：港交所

股票期權 交易徵費	第一類 每邊每張合約 3 元	第二類 每邊每張合約 1 元	第三類 每邊每張合約 0.5 元

資料來源：港交所

註：股票期權分類可參考附錄一

最後是買賣差價，這點視乎期權的交投活躍程度而定。假設其他因素不變，交投愈活躍的期權，買賣差價亦愈窄。例如一些到期日遠及極度價外的期權，由於變數太大關係，市場的買賣差價亦會較闊。

清楚知道交易成本對制訂交易策略是極之重要，如果你計算得出交易成本佔期權金比例高達一個不合理水平，那就可以放棄使用該投資策略。舉例說，某隻極價外股票期權的期權金為每股0.05 元，如果每張期權的合約股數為 1,000 股，那期權金總額僅為 50 元。即使期權佣金低至 20 元，但只是單邊佣金已佔期權金總額比例高達 20 元 / 50 元 x 100% = 40%。無論這個期權是認購或認沽期權，很明顯這個交易的值博率是極低的。

3.8

市場莊家制度

　　在香港，莊家一般被認為是大股東幕後人士透過增持或減持手上股票操縱價格。不過在期權市場，市場莊家（Market Maker）擔當了一個非常重要的角色，他們向市場提供流通性，確保市場運作暢順。

　　先解釋甚麼是「持續報價」及「回應報價」。持續報價是指即使市場上沒有其他投資者置放買賣盤或作出開價要求下，市場莊家仍須以合乎港交所要求下的最少合約張數及最低買賣盤差價開出報價。一般來說，莊家每月就指定的期權系列提供持續報價的時間佔交易時段不少於 50%，就能履行提供持續報價的責任，而港交所亦沒有不人道地硬性要求莊家 100% 提供持續報價服務。至於回應報價則是莊家接獲開價盤要求後 20 秒內須作出回應，回應方式是向市場提供買賣盤，並保留開盤最少 20 秒。

　　香港期權市場莊家主要有三類，分別是主要市場莊家、提供持續報價的莊家及提供回應報價的莊家。主要莊家須提供持續報價及回應報價。至於提供持續報價的莊家及提供回應報價的莊家則看到名字都知道其職責，前者負責提供持續報價，後者則負責提供回應報價。

　　例如你想買賣較價外的期權時，投資者可以向莊家問價，等待他們提供回應報價後進行期權交易。大部分期權交易平台都有提供向莊家問價的功能，方便你完成交易。

　　期權莊家一向給予大眾較負面印象，認為他們用資訊優勢跟大眾對賭、或者開出差價極大的買賣盤，跟他們買賣期權「十賭九輸」。事實上，莊家目的只是賺極低風險的買賣差價，原理就像銀行兌換外幣做生意一樣，他們並不會大注賭方向賺炒賣利潤，畢竟他們角色並不是炒家。由於香港股票期權市場深度不足、交投量亦未達到股票市場級數，只由市場定價肯定無法暢順運作，因此引入莊家制度絕對是百利而無一害。

期 權 速 獲 利 Flash!

期權實戰策略
16 式

「期權實戰策略 16 式」概念圖

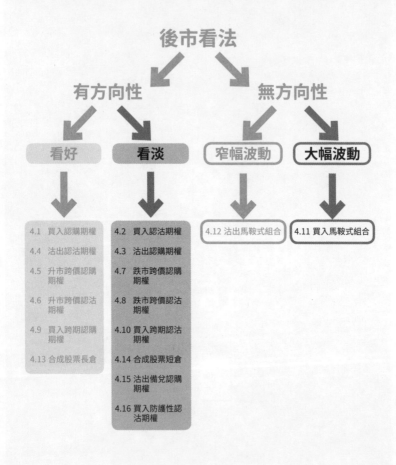

後市看法

有方向性

無方向性

看好

看淡

窄幅波動

大幅波動

看好	看淡	窄幅波動	大幅波動
4.1　買入認購期權	4.2　買入認沽期權	4.12 沽出馬鞍式組合	4.11 買入馬鞍式組合
4.4　沽出認沽期權	4.3　沽出認購期權		
4.5　升市跨價認購期權	4.7　跌市跨價認購期權		
4.6　升市跨價認沽期權	4.8　跌市跨價認沽期權		
4.9　買入跨期認購期權	4.10 買入跨期認沽期權		
4.13 合成股票長倉	4.14 合成股票短倉		
	4.15 沽出備兌認購期權		
	4.16 買入防護性認沽期權		

4.1
買入認購期權（Long Call）

後市看法：　預期特定目標資產於到期日前上升。

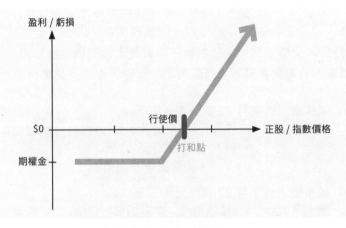

回報：　潛在盈利為無限。當指數／正股升穿行使價，投資者便可賺取資產價格及行使價的差價。

打和點：　當指數／正股於到期日升至行使價及期權金總和時，投資者就能平手離場。

時間值影響：　假設其他因素不變，時間值減少對持倉者不利。

風險：　最大虧損金額為期權金。當指數／正股於到期日於行使價或以下，將會全數損失已付出的期權金。

常用策略：

1)　在發布重要事件（如業績期、議息）前買入價外短期認購期權，
　　博公布事件結果後指數或正股大幅上升。

2)　買入並中長線持有深度價內認購期權，以達至利用槓桿持有正
　　股的效果。

例子 1：假設今日為 3 月 20 日，騰訊現價為 445 元，並將於 3 月
21 日公布全年業績。你認為騰訊業績將大幅優於市場預期，因此
以每股 5 元期權金買入 3 月底到期、行使價 460 元認購期權。

(a)　如果騰訊於 3 月 22 日升至 470 元，
　　　盈利 / 虧損 ＝（騰訊股價 - 認購期權行使價）- 期權金
　　　　　　　　　 ＝（470 元 -460 元）-5 元
　　　　　　　　　 ＝ +5 元，策略錄得 5 元盈利

(b)　如果騰訊於 3 月 22 日升至 465 元，
　　　盈利 / 虧損 ＝（騰訊股價 - 認購期權行使價）- 期權金
　　　　　　　　　 ＝（465 元 - 460 元）-5 元
　　　　　　　　　 ＝ 0 元，策略沒有錄得任何盈虧

(c)　如果騰訊於 3 月 22 日只升至 450 元，
　　　盈利 / 虧損 ＝ - 期權金
　　　　　　　　　 ＝ -5 元，策略錄得 5 元虧損

註：以上假設投資者於 3 月 22 日當日提前行使騰訊認購期權，但正如較前章節指
出，認購期權仍有剩餘時間值，實戰操作上應該選擇於市場平倉，並不應該提早行
使期權。為了方便解說，本章所有例子在計算倉位盈利 / 虧損時，均假定沒有剩餘
時間值。另外，本章所有例子純屬虛構以便解說，並不代表作者對例子中所提及的
股票的立場。

實戰小貼士 1：

注意認購期權的引伸波幅在發布重要事件前會顯著上升、並在公布結果後回落，這是由於認購期權短倉一方需要更高的期權金來補償波動潛在風險。如非有信心正股公布結果後大幅上升，否則不宜採用此策略。

例子 2：假設今日為 1 月 14 日，中國平安現價為 85 元。你認為平保今年內含價值將錄得大幅增長，看好平保年底升穿 100 元，因此以每股期權金 5 元買入 12 月底到期、行使價 100 元認購期權。

(a) 如果平保於 12 月 29 日升至 110 元，
盈利 / 虧損＝（平保股價 - 認購期權行使價）- 期權金
＝（110 元 -100 元）- 5 元
＝ +5 元，策略錄得 5 元盈利

(b) 如果平保於 12 月 29 日升至 105 元，
盈利 / 虧損　＝（平保股價 - 認購期權行使價）- 期權金
＝（105 元 -100 元）- 5 元
＝ 0 元，策略沒有錄得任何盈虧

(c) 如果平保於 12 月 29 日只升至 100 元，
盈利 / 虧損　＝ - 期權金
＝ -5 元，策略錄得 5 元虧損

實戰小貼士 2：

遠期期權的買賣差價會較闊，投資者宜用長線心態持有期權，以免被逼用較差的價格平倉離場。

4.2
買入認沽期權（Long Put）

後市看法： 預期特定目標資產於到期日前下跌。

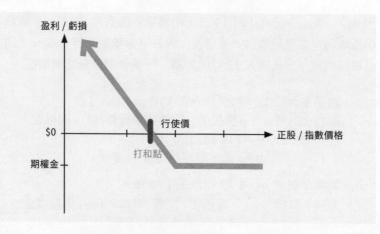

回報： 潛在盈利為無限。當指數 / 正股跌穿行使價，投資者便可賺取資產價格及行使價的差價。

打和點： 當指數 / 正股於到期日跌至行使價減去期權金時，投資者就能平手離場。

時間值影響： 假設其他因素不變，時間值減少對持倉者不利。

風險： 最大虧損金額為期權金。當指數 / 正股於到期日於行使價或以上，將會全數損失已付出的期權金。

常用策略：

1）在發布重要事件（如業績期，議息）前買入價外短期認沽期權，
　博公布事件結果後指數或正股大幅下跌。

2）買入並中長線持有深度價內認沽期權，以達至利用槓桿沽空正
　股的效果。

例子 1：假設今日為 3 月 22 日，中國人壽（2628）現價為 24.5 元，
並將於 3 月 23 日公布全年業績。你認為國壽業績將大幅遜於市場
預期，因此以每股 0.5 元期權金買入 3 月底到期、行使價 24 元認
沽期權。

（a）如果國壽於 3 月 23 日跌至 23 元，
　　盈利 / 虧損　＝（認沽期權行使價 - 國壽股價）- 期權金
　　　　　　　　＝（24 元 -23 元）-0.5 元
　　　　　　　　＝ +0.5 元，策略錄得 0.5 元盈利

（b）如果國壽於 3 月 23 日跌至 23.5 元，
　　盈利 / 虧損　＝（認沽期權行使價 - 國壽股價）- 期權金
　　　　　　　　＝（24 元 -23.5 元）-0.5 元
　　　　　　　　＝ 0 元，策略沒有錄得任何盈虧

（c）如果國壽於 3 月 23 日升至 25 元，
　　盈利 / 虧損　＝ - 期權金
　　　　　　　　＝ -0.5 元，策略錄得 0.5 元虧損

實戰小貼士：

注意認沽期權的引伸波幅在發布重要時間前會顯著上升、並在公布結果後回落，這是由於認沽期權短倉一方需要更高的期權金來補償波動潛在風險。如非有信心正股公布結果後大幅下跌，否則不宜採用此策略。

例子 2：假設今日為 1 月 16 日，中國太保（2601）現價為 39 元。你認為太保今年內含價值升幅將不如市場預期樂觀，看淡太保年底跌穿 32 元，因此以每股期權金 1.5 元買入 12 月底到期、行使價 32 元認沽期權。

（a）如果太保於 12 月 29 日跌至 28 元，
　　　盈利 / 虧損　=（認沽期權行使價 - 太保股價）- 期權金
　　　　　　　　　　=（32 元 -28 元）-1.5 元
　　　　　　　　　　= +2.5 元，策略錄得 2.5 元盈利

（b）如果太保於 12 月 29 日跌至 30.5 元，
　　　盈利 / 虧損　=（認沽期權行使價 - 太保股價）- 期權金
　　　　　　　　　　=（32 元 -30.5 元）-1.5 元
　　　　　　　　　　= 0 元，策略沒有錄得任何盈虧

（c）如果太保於 12 月 29 日升至 40 元，
　　　盈利 / 虧損　= - 期權金
　　　　　　　　　　= -1.5 元，策略錄得 1.5 元虧損

實戰小貼士：

遠期期權的買賣差價會較闊，投資者宜用長線心態持有期權，以免被逼用較差的價格平倉離場。

4.3

沽出認購期權 (Short Call)

後市看法： 預期特定目標資產於到期日前橫行或下跌。

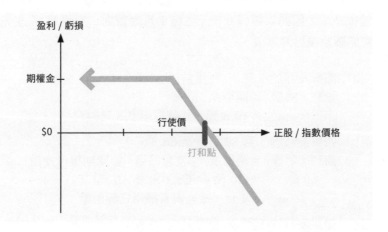

回報： 最大潛在盈利限於已收取的期權金。當指數 / 正股股價於到期日時在行使價或以下，投資者便可全數賺取期權金。

打和點： 當指數 / 正股於到期日升至行使價及已收取期權金的總和時，整個策略就會平手。

時間值影響： 假設其他因素不變，時間值減少對持倉者有利。

風險： 最大虧損金額為無限。當指數 / 正股於到期日時升穿打和點，虧損金額為指數 / 正股價格減去打和點。

常用策略：

於期權到期日前兩星期內，沽出價外認購期權為倉位作輕微對沖。

例子：假設今日為 1 月 19 日，友邦保險（1299）現價為 66 元，而你手上持有大量保險股。保險股今個月累計升幅甚巨，並認為整個板塊於月底前不會有太大升幅空間，但又擔心短期內會出現輕微調整，因此以每股 0.8 元沽出 1 月底到期、行使價 67.5 元友邦認購期權對沖倉位。

(a) 如果友邦於 1 月 30 日維持於 66 元，
    盈利 / 虧損　= 期權金
    　　　　　　 = +0.8 元，策略錄得 0.8 元盈利

(b) 如果友邦於 1 月 30 日升至 68.3 元，
    盈利 / 虧損　= 期權金 -（友邦股價 - 認購期權行使價）
    　　　　　　 = 0.8 元 -（68.3 元 -67.5 元）
    　　　　　　 = 0 元，策略沒有錄得任何盈虧

(c) 如果友邦於 1 月 30 日急升至 72 元，
    盈利 / 虧損　= 期權金 -（友邦股價 - 認購期權行使價）
    　　　　　　 = 0.8 元 -（72 元 -67.5 元）
    　　　　　　 = -3.7 元，策略錄得 3.7 元虧損

實戰小貼士：

沽出認購期權即使指數 / 正股橫行也能獲利，獲利成功率相比起沽空高出很多。不過有利必有弊，由於沽出認出認購期權的最大潛在回報只是已收取的期權金，這個策略是不能夠有效對沖組合大跌風險。另外，這個策略需要符合按金要求。

選擇到期日近及價外的認購期權主要原因是利用時間值流失對短

倉持有人有利這個特點，以免夜長夢多被突襲。（註：假設其他因素不變，到期日愈近，時間值流失速度愈快）

再次警告！沽出認購期權最大虧損金額為無限。即使確定性多高也好，切記不要於重要事件前沽出認購期權，後果可以非常嚴重。因此，這個是全本書最高風險的策略。

4.4

沽出認沽期權（Short Put）

後市看法： 預期特定目標資產於到期日前橫行或上升。

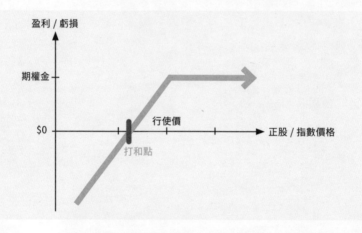

回報： 最大潛在盈利限於已收取的期權金。當指數 / 正股股價於到期日時在行使價或以上，投資者便可全數賺取期權金。

打和點： 當指數 / 正股於到期日跌至行使價減去已收取期權金時，整個策略就會平手。

時間值影響： 假設其他因素不變，時間值減少對持倉者有利。

風險： 最大虧損金額為指數 / 正股價格減去已收取期權金，潛在虧損金額極大。當指數 / 正股於到期日時跌穿打和點，虧損金額為打和點減去指數 / 正股價格。

常用策略：對於看好後市又想低價吸納的投資者，可以沽出價外認沽期權。若果指數 / 正股於到期日跌至行使價或以下，則存入所需款項以行使價買入指數 / 正股；若果指數 / 正股股價於到期日時於行使價以上，期權金則袋袋平安。

例子：假設今日為 1 月 22 日，長和（0001）現價為 100 元。你看好長和公用事業壟斷地位，認為長和長線會為股東帶來穩健收益。雖然你有足夠現金投資，但不願意高追長和，並堅持 97.5 元或以下才會買入長和收息。你決定以每股 0.6 元沽出 2 月底到期、行使價 97.5 元長和認沽期權對沖倉位。

(a) 如果長和於 2 月 27 日升至 102 元，
　　盈利 / 虧損　 = 期權金
　　　　　　　　 = +0.6 元，策略錄得 0.6 元盈利

(b) 如果長和於 2 月 27 日跌至 96.9 元，
　　盈利 / 虧損　 = 期權金 -（認沽期權行使價 - 長和股價）
　　　　　　　　 = 0.6 元 -（97.5 元 -96.9 元）
　　　　　　　　 = 0 元，策略沒有錄得任何盈虧

(c) 如果長和於 2 月 27 日急跌至 90 元，
　　盈利 / 虧損　 = 期權金 -（認沽期權行使價 - 長和股價）
　　　　　　　　 = 0.6 元 -（97.5 元 -90 元）
　　　　　　　　 = -6.9 元，策略錄得 6.9 元虧損

實戰小貼士：

雖然沽出認沽期權看上來沒有太多缺點，但這個策略是全本書風險次高的。由於期權具有槓桿特性，只要你符合按金要求，交易所是容許你沽出超出自己接貨能力的認沽期權。以上述長和例子來說明，沽出 97.5 元認沽期權的最理想情況是，你手上有 97.5

元現金接貨;但槓桿效應下,你手上只有 20 元也可以沽出長和認沽期權。然而,一旦長和大幅下跌,你沒有足夠資金承接認沽期權長倉者手上的長和,就會為投資組合帶來嚴重虧損。再次警告,沽出認沽期權必須量力而為。

4.5
升市跨價認購期權
(Bull Call Spread)

組成方法：　買入較低行使價的認購期權，沽出相同到期月份較高行使價的認購期權；由於較低行使價的認購期權的期權金相比起較高行使價的認購期權高（原因請參考章節 2.7），所以買入期權付出的期權金會較沽出期權收回的期權金高，故此建立這個組合需要淨付出期權金。

後市看法：　預期特定目標資產於到期日前以有限幅度上升。

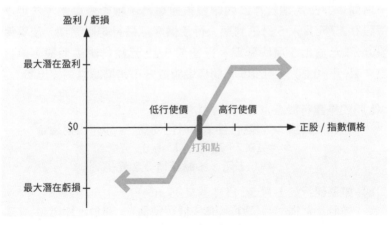

回報： 回報有限，最大潛在盈利為 [（高行使價 - 低行使價）- 淨付出期權金]。

打和點： 當指數 / 正股升至低行使價及淨付出期權金的總和時，整個策略就會平手。

時間值影響： 由於高行使價期權短倉抵銷低行使價長倉時間值耗損的不利影響，假設其他因素不變，時間值減少對持倉者影響中性。

風險： 虧損有限，最大虧損金額為已付出的期權金淨額。

常用策略： 看好特定目標資產中線有上升空間，但幅度有限。

例子： 假設今日為 2 月 15 日，建行（0939）現價為 8.5 元。受惠淨息差見底回升及不良貸款率下降，你認為建行中線向好，但同一時間，亦認為建行作為內銀股很難爆升。權衡輕重後，決定以每股 0.25 元買入 5 月底到期、行使價 9 元建行認購期權、及以每股 0.20 元沽出 5 月底到期、行使價 9.25 元建行認購期權，淨付出 0.25 元 -0.20 元 =0.05 元期權金組成升市跨價認購期權出擊。

(a) 如果建行於 5 月 30 日升至 9.25 元，
　　盈利 / 虧損 ＝（高行使價 - 低行使價）- 淨付出期權金
　　　　　　　 ＝（9.25 元 -9 元）-0.05 元
　　　　　　　 ＝ +0.2 元，策略錄得 0.2 元盈利

(b) 如果建行於 5 月 30 日升至 9.05 元，
　　盈利 / 虧損 ＝（建行股價 - 低行使價）- 淨付出期權金
　　　　　　　 ＝（9.05 元 -9 元）-0.05 元
　　　　　　　 ＝ 0 元，策略沒有錄得任何盈虧

（c）　如果建行於 5 月 30 日升至 8.7 元，
　　　盈利 / 虧損　＝ - 淨付出期權金
　　　　　　　　　＝ -0.05 元，策略錄得 0.05 元虧損

實戰小貼士：

雖然升市跨價認購期權爆發力有限，但其特色是倉位不太受時間值影響，而且虧損有限，適合作中線部署，為期權交易者常用方向性期權組合之一。

4.6
升市跨價認沽期權
（Bull Put Spread）

組成方法：　買入較低行使價的認沽期權，沽出相同到期月份較高行使價的認沽期權；由於較低行使價的認沽期權的期權金**相比起**較高行使價的認沽期權便宜（原因請參考章節 2.7），買入期權付出的期權金會較沽出期權收回的期權金低，故此建立這個組合會淨收取期權金。

後市看法：　預期特定目標資產於到期日前以有限幅度上升。

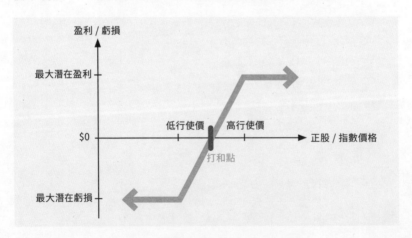

回報：　　　回報有限，最大潛在盈利為淨收取期權金。

打和點：　　當指數／正股升至高行使價減去淨收取期權金的金
　　　　　　額時，整個策略就會平手。

時間值影響：由於高行使價期權短倉抵銷低行使價長倉時間值耗
　　　　　　損的不利影響，假設其他因素不變，時間值減少對
　　　　　　持倉者影響中性。

風險：　　　虧損有限，最大虧損金額為 [（高行使價 - 低行使
　　　　　　價）- 淨收取期權金]。

常用策略：

看好特定目標資產中線有上升空間，但幅度有限。

例子：假設今日為 1 月 20 日，農行（1288）現價為 4.5 元。受惠
淨息差見底回升及不良貸款率下降，你認為農行中線有一定上升
空間；但同時認為，農行作為內銀股很難短時間內爆升。權衡輕
重後，你決定以每股 0.40 元買入 4 月底到期、行使價 4.8 元農行
認沽期權、及以每股 0.48 元沽出 4 月底到期、行使價 4.9 元農行
認沽期權，淨收取 0.48 元 -0.40 元 =0.08 元期權金組成升市跨價
認沽期權出擊。

(a)　如果農行於 4 月 29 日升至 5 元，
　　　盈利／虧損　= 淨收取期權金
　　　　　　　　　= +0.08 元，策略錄得 0.08 元盈利

(b)　如果農行於 4 月 29 日升至 4.82 元，

盈利 / 虧損　＝ -（高行使價 - 農行股價）+ 淨收取期權金

＝ -（4.9 元 – 4.82 元）+ 0.08 元

＝ 0 元，策略沒有錄得任何盈虧

(c)　如果農行於 4 月 29 日升至 4.7 元，

盈利 / 虧損　＝ -（高行使價 - 低行使價）+ 淨收取期權金

＝ -（4.9 元 - 4.8 元）+ 0.08 元

＝ - 0.02 元，策略錄得 0.02 元虧損

實戰小貼士：

升市跨價認沽期權作用跟升市跨價認購期權一樣，特色是倉位不太受時間值影響，而且虧損有限，適合作中線部署，為期權交易者常用方向性期權組合之一。但你不要以為收取期權金很過癮，就如上述農行例子般，如果不能升穿打和點，已收取的期權金最終也會輸掉。

4.7

跌市跨價認購期權 (Bear Call Spread)

組成方法： 沽出較低行使價的認購期權，買入相同到期月份較高行使價的認購期權；由於較低行使價的認購期權的期權金相比起較高行使價的認購期權昂貴，買入期權付出的期權金會較沽出期權收回的期權金低，故此建立這個組合會淨收取期權金。

後市看法： 預期特定目標資產於到期日前以有限幅度下跌。

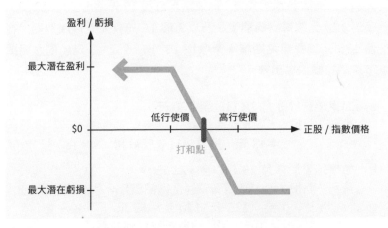

回報： 回報有限，最大潛在盈利為淨收取期權金。

打和點： 當指數／正股跌至低行使價及淨收取期權金的總和時，整個策略就會平手。

時間值影響：　由於低行使價期權短倉抵銷高行使價長倉時間值耗
　　　　　　　損的不利影響，假設其他因素不變，時間值減少對
　　　　　　　持倉者影響中性。

風險：　　　　虧損有限，最大虧損金額為 [（高行使價 - 低行使
　　　　　　　價）- 淨收取期權金]。

常用策略：

看好特定目標資產中線有下跌空間，但幅度有限。

例子：假設今日為 1 月 19 日，瑞聲科技（2018）現價為 125 元。
由於環球智能手機出貨量大降，你認為手機配件需求下降中線會
拖累瑞聲表現；但同時認為，瑞聲作為行業龍頭受影響程度不致
於太過分。考慮各種因素後，你決定以每股 19 元沽出三月底到期、
行使價 120 元瑞聲認購期權、及以每股 16 元買入五月底到期、行
使價 125 元瑞聲認沽期權，淨收取 19 元 -16 元 =3 元期權金組成
跌市跨價認購期權出擊。

(a) 如果瑞聲於 3 月 29 日跌至 120 元，
　　盈利 / 虧損　= 淨收取期權金
　　　　　　　　 = +3 元，策略錄得 3 元盈利

(b) 如果瑞聲於 3 月 29 日跌至 123 元，
　　盈利 / 虧損　= -（瑞聲股價 - 低行使價）+ 淨收取期權金
　　　　　　　　 = -（123 元 -120 元）+3 元
　　　　　　　　 = 0 元，策略沒有錄得任何盈虧

（c）如果瑞聲於 3 月 29 日維維持於 125 元，

盈利 / 虧損　= -[(高行使價 - 低行使價)- 淨收取期權金]

　　　　　　= -（125 元 -120 元）+3 元

　　　　　　= -2 元，策略錄得 2 元虧損

實戰小貼士：

跟升市跨價認購期權一樣，跌市跨價認購期權爆發力有限，但其特色是倉位不太受時間值影響，而且虧損有限，適合作中線部署，為期權交易者常用方向性期權組合之一。不過你不要以為收取期權金很過癮，就如上述瑞聲例子一樣，如果不能跌穿打和點，已收取的期權金最終也會輸給對方。

4.8

跌市跨價認沽期權 （Bear Put Spread）

組成方法： 沽出較低行使價的認沽期權，買入相同到期月份較高行使價的認沽期權；由於較低行使價的認沽期權的期權金相比起較高行使價的認沽期權便宜，買入期權付出的期權金會較沽出期權收回的期權金高，故此建立這個組合需要淨付出期權金。

後市看法： 預期特定目標資產於到期日前以有限幅度下跌。

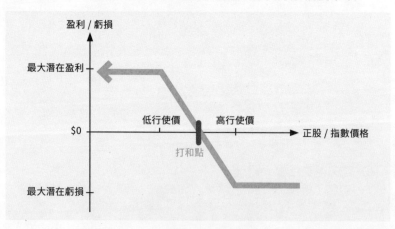

回報： 回報有限，最大潛在盈利為 [（高行使價 - 低行使價）- 淨收取期權金]。

打和點：　　　當指數 / 正股跌至行使價減去淨付出期權金的金額時，整個策略就會平手。

時間值影響：　由於低行使價期權短倉抵銷高行使價長倉時間值耗損的不利影響，假設其他因素不變，時間值減少對持倉者影響中性。

風險：　　　　虧損有限，最大虧損金額為已付出的期權金淨額。

常用策略：　　看好特定目標資產中線有下跌空間，但幅度有限。

例子：假設今日為 1 月 17 日，港交所（0388）現價為 295 元。港交所因為近日港股成交而大漲，你認為港交所現時估值被高估，但同時認為現時港股氣氛熾熱，下跌空間並不大。權衡利弊後，決定以每股 12 元沽出 4 月底到期、行使價 275 元港交所認沽期權、及以每股 14 元買入 4 月底到期、行使價 280 元港交所認沽期權，淨付出 14 元 -12 元 =2 元期權金組成跌市跨價認沽期權出擊。

(a) 如果港交所於 4 月 29 日跌至 275 元，
　　　盈利 / 虧損　=（高行使價 - 港交所股價）- 淨付出期權金
　　　　　　　　　=（280 元 -275 元）-2 元
　　　　　　　　　=+3 元，策略錄得 3 元盈利

(b) 如果港交所於 4 月 29 日跌至 278 元，
　　　盈利 / 虧損　=（高行使價 - 港交所股價）- 淨付出期權金
　　　　　　　　　=（280 元 -278 元）-2 元
　　　　　　　　　=0 元，策略沒有錄得任何盈虧

(c) 如果港交所於 4 月 29 日維持於 295 元，
　　　盈利 / 虧損　= - 淨付出期權金
　　　　　　　　　=-2 元，策略錄得 2 元虧損

實戰小貼士：

跌市跨價認沽期權作用跟升市跨價認沽期權一樣，特色是倉位不太受時間值影響，而且虧損有限，適合作中線部署，為期權交易者常用方向性期權組合之一。

4.9

買入跨期認購期權 (Long Call Calendar Spread)

組成方法： 沽出較近到期月份的認購期權，買入較遠到期月份 而行使價相同的認購期權；由於較近到期月份的認 購期權的期權金相比起較遠行使價的認購期權便 宜，買入期權付出的期權金會較沽出期權收回的期 權金高，故此建立這個組合需要淨付出期權金。

後市看法： 預期特定目標資產於短期內橫行整固或輕微偏弱， 但於較長時期會上升。

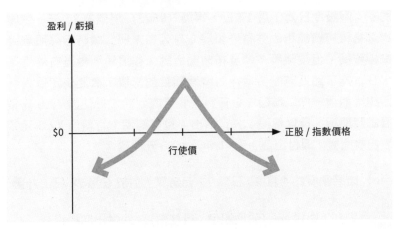

回報： 回報無限，當指數 / 正股於較近到期月份以行使價 或以下結算，便能賺到已收取期權金，而於指數 /

正股於較遠到期月份時升穿行使價，投資者便可賺取市價及行使價的差價。

打和點： 不容易評估，需要按實際情況計算得出。

時間值影響： 由於較近到期月份的認購期權短倉時間值消耗較遠到期月份的認購期權快，假設其他因素不變，時間值減少對持倉者有利。

風險： 虧損有限，最大虧損金額為已付出的期權金淨額。

常用策略：

看好特定目標資產中長線有上升空間，但同時間想減低時間值消耗對遠期期權的影響。

例子：假設今日為 1 月 17 日，領展（0823）現價為 71 元。領展物業組合持續加租，你看好領展 6 月公布末期業績時增派股息將提振股價，但現時離業績發布時間尚遠，領展短期內難有催化劑大升。為了減低時間值消耗對遠期期權的影響，故此決定買入跨期認購期權。你以每股 2.2 元買入 6 月底到期、行使價 72.5 元領展認購期權、及以每股 1.6 元沽出 4 月底到期、行使價 72.5 元領展認購期權，淨付出 2.2 元 -1.6 元 =0.6 元期權金。

（a）如果領展於 4 月 29 日於 72 元結算，並於 6 月 29 日上升至 75 元，

盈利 / 虧損 ＝（領展股價 - 行使價）- 淨付出期權金
　　　　　＝（75 元 -72.5 元）-0.6 元
　　　　　=2.5 元 -0.6 元 =+1.9 元，策略錄得 1.9 元盈利

（b）如果領展於 4 月 29 日於 72 元結算，並於 6 月 29 日下跌至
　　　70 元，

　　　盈利 / 虧損　＝ - 淨付出期權金
　　　　　　　　　＝ -0.6 元，策略錄得 0.6 元虧損

實戰小貼士：

萬一指數 / 正股於較近月份到期時大升，投資者只要同時將較遠到
期月份平倉，就能大幅抵銷較近到期月份期權短倉虧損。另外亦
要注意，這個策略有機會因為建立期權短倉需要支付按金。

4.10

買入跨期認沽期權
(Long Put Calendar Spread)

組成方法：　沽出較近到期月份的認沽期權，買入較遠到期月份而行使價相同的認沽期權；由於較近到期月份的認沽期權相比起較遠行使價的認沽期權便宜，買入期權付出的期權金會較沽出期權收回的期權金高，故此建立這個組合需要淨付出期權金。

後市看法：　預期特定目標資產於短期內橫行整固或輕微偏強，但於較長時期會下跌。

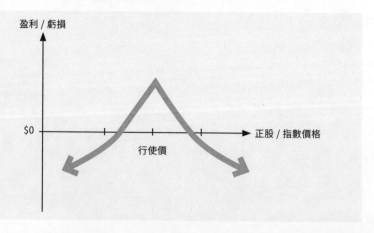

回報：　回報無限，當指數 / 正股於較近到期月份以行使價或以上結算，便能賺到已收取的期權金，而於指數 / 正股於較遠到期月份時跌穿行使價，投資者便可賺取行使價及市價的差價。

打和點：不容易評估，需要按實際情況計算得出。

時間值影響：　由於較近到期月份的認購期權短倉時間值消耗相比
　　　　　　　起較遠到期月份的認購期權快，假設其他因素不變，
　　　　　　　時間值減少對持倉者有利。

風險：　　　　虧損有限，最大虧損金額為已付出的期權金淨額。

常用策略：

看好特定目標資產中長線有下跌空間，但同時間想減低時間值消
耗對遠期期權的影響。

例子：假設今日為 1 月 18 日，吉利（0175）現價為 25 元。中國
汽車銷量步入飽和期，你看淡吉利今年上半年銷量增幅放緩，但
現時距離銷量發布時間尚遠，吉利短期內難有催化劑大跌。為了
減低時間值消耗對遠期期權的影響，故此決定買入跨期認沽期權。
你以每股 1.1 元買入 6 月底到期、行使價 22 元吉利認沽期權、及
以每股 0.6 元沽出 4 月底到期、行使價 22 元吉利認沽期權，淨付
出 1.1 元 -0.6 元 =0.5 元期權金。

(a) 如果吉利於 4 月 29 日於 23 元結算，並於 6 月 29 日下跌至
　　18 元，

　　　盈利 / 虧損　=（行使價 - 吉利股價）- 淨付出期權金
　　　　　　　　　=（22 元 -18 元）-0.5 元
　　　　　　　　　= 4 元 -0.5 元
　　　　　　　　　= +3.5 元，策略錄得 3.5 元盈利

（b）如果吉利於 4 月 29 日於 23 元結算，而於 6 月 29 日上升至
　　　24 元，

　　　盈利 / 虧損　＝ - 淨付出期權金

　　　　　　　　　＝ -0.5 元，策略錄得 0.5 元虧損

實戰小貼士：

跟買入跨期認購期權一樣，萬一指數 / 正股於較近月份到期時
大跌，投資者只要同時將較遠到期月份平倉就能大幅抵銷較近
到期月份期權短倉虧損。另外亦需要注意這個策略有機會需要支
付按金。

4.11

買入馬鞍式組合
(Long Straddle)

組成方法：　同時買入相同月份、相同行使價的認購期權及認沽
期權。

後市看法：　預期特定目標資產於出現大幅波動。

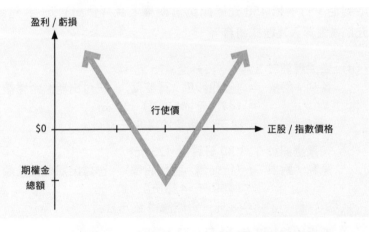

回報：　回報無限，當指數 / 正股於升穿或跌穿行使價，投
資者便可賺取相等於行使價及市價的差價減去認購
期權及認沽期權期權金總額的利潤。

打和點：　這個策略有兩個打和點，分別是行使價減去認購期
權及認沽期權期權金總額，及行使價加上認購期權
及認沽期權期權金總額。

時間值影響： 假設其他因素不變，時間值減少對持倉者不利。

風險： 虧損有限，最大虧損金額為已付出的認購期權及認
沽期權期權金總額。

常用策略： 博特定目標資產於重要事件公布後會大幅波動，但
方向性並不肯定。

例子：假設今日為 3 月 12 日，騰訊（0700）現價為 450 元。你
認為騰訊公布業績後將會大升或大跌，故此決定以每股 9 元買入 3
月底到期、行使價 450 元騰訊認購期權、及以每股 8 元買入 3 月
底到期、行使價 450 元騰訊認沽期權，合共付出 9 元 +8 元 =17
元期權金買入馬鞍式組合。

(a) 如果騰訊於 3 月 30 日升至 475 元，
盈利 / 虧損 ＝（騰訊股價 - 行使價）- 已付出期權金總額
＝（475 元 -450 元）-17 元
＝ +8 元，策略錄得 8 元盈利

(b) 如果騰訊於 3 月 30 日跌至 425 元，
盈利 / 虧損 ＝（行使價 - 騰訊股價）- 已付出期權金總額
＝（450 元 -425 元）-17 元
＝ +8 元，策略錄得 8 元盈利

(c) 如果騰訊於 3 月 30 日升至 467 元，
（騰訊股價 - 行使價）- 已付出期權金總額
＝（467 元 -450 元）-17 元
＝ 0 元，策略沒有錄得任何盈虧

(d) 如果騰訊於 3 月 30 日跌至 433 元，
盈利 / 虧損 ＝（行使價 - 騰訊股價）- 已付出期權金總額
＝（450 元 -433 元）-17 元
＝ 0 元，策略沒有錄得任何盈虧

（e）如果騰訊維持於 450 元，

　　　盈利 / 虧損　= - 已付出期權金總額

　　　　　　　　　= -17 元，策略錄得 17 元虧損

實戰小貼士：

由於馬鞍式涉及兩個期權長倉，萬一特定目標資產橫行，時間值損耗會對倉位極之不利，故此宜速戰速決。

4.12

沽出馬鞍式組合 (Short Straddle)

組成方法：　　同時沽出相同月份、相同行使價的認購期權及認沽
　　　　　　　期權。

後市看法：　　預期特定目標資產窄幅波動。

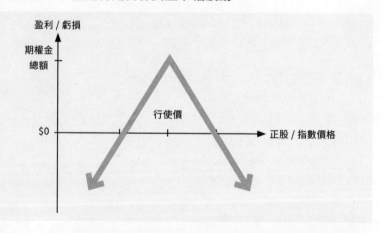

回報：　　　　回報有限，最大回報金額為已收取的認購期權及認
　　　　　　　沽期權期權金總額。

打和點：　　　這個策略有兩個打和點，分別是行使價減去認購期
　　　　　　　權及認沽期權期權金總額，及行使價加上認購期權
　　　　　　　及認沽期權期權金總額。

時間值影響： 假設其他因素不變，時間值減少對持倉者有利。

風險： 虧損無限，當指數／正股於升穿或跌穿行使價，投資者將會損失相等於行使價及市價的差價減去認購期權及認沽期權期權金總額。

常用策略： 博特定目標資產於一定時間內牛皮橫行。

例子：同樣假設今日為 3 月 12 日，騰訊（0700）現價為 450 元。你認為騰訊公布業績後將會牛皮橫行，故此決定以每股 9 元沽出 3 月底到期、行使價 450 元騰訊認購期權、及以每股 8 元沽出 3 月底到期、行使價 450 元騰訊認沽期權，合共收取 9 元 +8 元 =17 元期權金沽出馬鞍式組合。

(a) 如果騰訊於 3 月 30 日升至 470 元，
盈利／虧損 ＝ -（騰訊股價 - 行使價）+ 已收取期權金總額
＝ -（470 元 -450 元）+17 元
＝ -3 元，策略錄得 3 元虧損

(b) 如果騰訊於 3 月 30 日跌至 430 元，
盈利／虧損 ＝ -（行使價 - 騰訊股價）+ 已收取期權金總額
＝ -（450 元 -430 元）+17 元
＝ -3 元，策略錄得 3 元虧損

(c) 如果騰訊於 3 月 30 日升至 467 元，
（騰訊股價 - 行使價）- 已收取期權金總額
＝（467 元 -450 元）-17 元
＝ 0 元，策略沒有錄得任何盈虧

（d）如果騰訊於 3 月 30 日跌至 433 元，

　　　盈利 / 虧損　=（行使價 - 騰訊股價）- 已收取期權金總額

　　　　　　　　　=（450 元 -433 元）-17 元

　　　　　　　　　= 0 元，策略沒有錄得任何盈虧

（e）如果騰訊維持於 450 元，

　　　盈利 / 虧損　= 已收取期權金總額

　　　　　　　　　= +17 元，策略錄得 17 元盈利

實戰小貼士：

雖然所收取的期權金較多，但由於這個策略最大虧損金額為無限，
投資者必須量力而為，不宜動用過高槓桿。

4.13

合成股票長倉
(Synthetic Long Stock)

組成方法：　買入認購期權並沽出相同行使價及到期月份的認沽期權。

後市看法：　預期特定目標資產走勢跟持有正股一致。

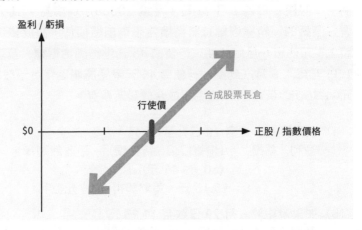

回報：　回報無限。當指數 / 正股升穿打和點，回報相等於指數 / 正股價格與打和點的差價。

打和點：　視乎所選取的行使價水平，打和點可以是行使價減去已收取的期權金淨額或行使價加上已付出的期權金淨額。

時間值影響： 由於期權短倉抵銷期權長倉時間值耗損的不利影響，假設其他因素不變，時間值減少對持倉者中性。

風險： 虧損無限。當指數／正股跌穿打和點，回報相等於打和點與指數／正股價格的差價。

常用策略：

利用期權槓桿特性建立合成股票長倉，以達至利用槓桿持有正股的效果。

例子：假設今日為 1 月 21 日，港鐵（0066）現價為 45.1 元。你看好港鐵的運輸壟斷地位將持續為股東創造價值，故此決定以每股 1.5 元沽出 6 月底到期、行使價 45 元港鐵認沽期權、及以每股 1.35 元買入 6 月底到期、行使價 45 元港鐵認購期權，淨收取 1.5 元 -1.35 元 =0.15 元期權金組成合成股票長倉。

(a) 如果港鐵於 6 月 29 日升至 50 元，
盈利／虧損 ＝（港鐵股價 - 行使價）＋ 淨收取期權金
＝（50 元 -45 元）+0.15 元
＝ +5.15 元，策略錄得 5.15 元盈利

(b) 如果港鐵於 6 月 29 日跌至 44.85 元，
盈利／虧損 ＝ -（行使價 - 港鐵股價）＋ 淨收取期權金
＝ - (45 元 -44.85 元) +0.15 元
＝ 0 元，策略沒有錄得任何盈虧

(c) 如果港鐵於 6 月 29 日跌至 45 元，
盈利／虧損 ＝ -（行使價 - 港鐵股價）＋ 淨收取期權金
＝ -（45 元 -45 元）+0.15 元
＝ +0.15 元，策略錄得 0.15 元盈利

實戰小貼士：

由於這個策略目的是複製正股走勢，投資者必須量力而為，不宜動用過高槓桿。另外這個策略涉及期權短倉，故此需要支付按金。

4.14

合成股票短倉
(Synthetic Short Stock)

組成方法：　沽出認購期權並買入相同行使價及到期月份的認沽
　　　　　　期權。

後市看法：　預期特定目標資產走勢跟沽空正股一致。

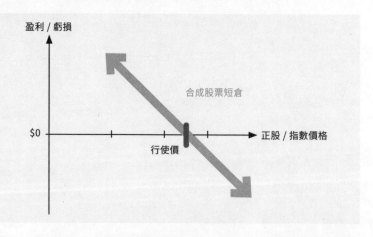

回報：　回報無限。當指數／正股跌穿打和點，回報相等於指數／
　　　　正股價格與打和點的差價。

打和點：視乎所選取的行使價水平，打和點可以是行使價加上已
　　　　收取的期權金淨額，或行使價減去已付出的期權金淨額。

時間值影響：　由於期權短倉抵銷期權長倉時間值耗損的不利影響，假設其他因素不變，時間值減少對持倉者中性。

風險：　　　　虧損無限。當指數 / 正股升穿打和點，回報相等於打和點與指數 / 正股價格的差價。

常用策略：　利用期權槓桿特性建立合成股票短倉，以達至利用槓桿沽空正股的效果。

例子：假設今日為 1 月 19 日，中鐵（0390）現價為 6.18 元。由於中央政府收緊公共私營合作項目，你中線看淡鐵路股，故此決定以每股 0.36 元沽出 6 月底到期、行使價 6.25 元中鐵認購期權、及以每股 0.39 元買入 6 月底到期、行使價 6.25 元中鐵認沽期權，淨付出 0.39 元 -0.36 元 =0.03 元期權金組成合成股票短倉。

(a) 如果中鐵於 6 月 29 日跌至 6 元，
盈利 / 虧損 　=（行使價 - 中鐵股價）- 淨付出期權金
　　　　　　 =（6.25 元 -6 元）-0.03 元
　　　　　　 = +0.22 元，策略錄得 0.22 元盈利

(b) 如果中鐵於 6 月 29 日微升至 6.22 元，
盈利 / 虧損 　=（行使價 - 中鐵股價）- 淨付出期權金
　　　　　　 =（6.25 元 -6.22 元）-0.03 元
　　　　　　 = 0 元，策略沒有錄得任何盈虧

(c) 如果中鐵於 6 月 29 日升至 6.5 元，
盈利 / 虧損 　= -（中鐵股價 - 行使價）- 淨付出期權金
　　　　　　 = -（6.5 元 -6.25 元）-0.03 元
　　　　　　 = -0.28 元，策略錄得 0.28 元虧損

實戰小貼士：

由於這個策略目的是以槓桿形式沽空正股，投資者必須量力而為，不宜動用過高槓桿。另外亦須要注意這個策略需要支付按金。

4.15

沽出備兌認購期權
(Short Covered Call)

組成方法： 在持有指數 / 正股長倉情況下沽出認購期權短倉；由於正股可作備兌，這個策略毋須繳付按金。

後市看法： 預期特定目標資產於到期日前橫行或輕微下跌。

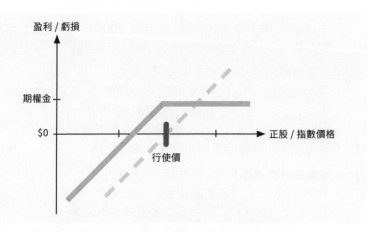

回報： 回報有限。最大回報只限於已收取的期權金。

打和點： 認購期權行使價減去已收取的期權金。

時間值影響： 假設其他因素不變，時間值減少對持倉者有利。

風險： 虧損極大。當指數 / 正股跌穿打和點，虧損金額相等於打和點與指數 / 正股價格的差價。

常用策略：　在持有正股蟹貨下，看準機會在反彈高位沽出備兌認購期權收取期權金，減低持貨成本。

例子：假設今日為 4 月 19 日，中移動（0941）現價為 79.8 元，你持貨成本為 82.5 元。受累 5G 資本開支增加，中移動近月處於弱勢，並於 80 元水平整固。為了減低持貨成本、鬆綁中移動，你決定以每股 2.7 元沽出 5 月底到期、行使價 80 元中移動備兌認購期權。

(a) 如果中移動於 5 月 29 日升至 80 元，
　　盈利／虧損　＝淨收取期權金
　　　　　　　　　＝+2.7 元，策略錄得 2.7 元盈利，
　　中移動成本由 82.5 元下降 2.7 元至 79.8 元，蟹貨得以鬆綁，並錄得 0.2 元帳面盈利

(b) 如果中移動於 5 月 29 日升至 82.5 元，
　　盈利／虧損　＝-（中移動股價 - 行使價）+ 淨收取期權金
　　　　　　　　　＝-（82.5 元 -80 元）+2.7 元
　　　　　　　　　＝+0.2 元，策略錄得 0.2 元盈利，
　　但要注意中移動因被對方行使期權而沽出

(c) 如果中移動於 5 月 29 日跌至 78 元，
　　盈利／虧損　＝淨收取期權金
　　　　　　　　　＝+2.7 元，策略錄得 2.7 元盈利，
　　中移動成本由 82.5 元下降 2.7 元至 79.8 元，但由於中移動現時低於 79.8 元，因此暫時錄得 1.8 元帳面虧損

實戰小貼士：

注意若果持貨成本過高而沽出的備兌認購期權不幸被行使，正股會因而沽出而實現虧損，故此這個策略只宜在股價反彈時使用。

舉例說，你的持股成本為 100 元，但你在股價 80 元水平沽出 85 元備兌認購期權，一旦股價持續反彈大幅升穿行使價，而你又因為對方行使期權而被動沽出持股，你就要被逼實現虧損。

4.16
買入防護性認沽期權
（Buy Protective Put）

組成方法： 在持有指數 / 正股長倉情況下買入認沽期權。

後市看法： 預期特定目標資產於到期日前大幅下跌。

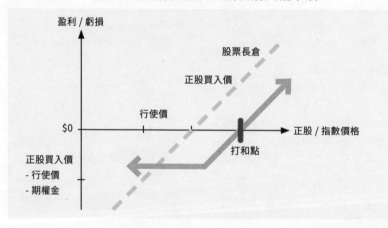

回報： 潛在盈利為無限。當指數 / 正股升穿打和點，投資者便可賺取資產價格升幅。

打和點： 當指數 / 正股於到期日升至行使價及期權金總和時，投資者就能平手離場。

時間值影響： 假設其他因素不變，時間值減少對持倉者不利。

風險：　　虧損有限。當指數 / 正股於到期日收於行使價或以下，
　　　　　最大虧損金額為（正股買入價 - 行使價 - 期權金）。

常用策略：

在發布重要事件（如業績期，議息）前買入認沽期權去對沖公布
事件結果後指數或正股的跌幅。

例子：假設今日為 8 月 22 日，新鴻基地產（0016）現價為 133 元，
並將於 9 月 14 日公布全年業績，而你手持的新地成本價為 133 元。
你認為新地業績有機會遜於市場預期，因此以每股 1.2 元期權金買
入 9 月底到期、行使價 130 元認沽期權作對沖。

（a）如果新地於 9 月 14 日跌至 126 元，
　　　盈利 / 虧損　=（認沽期權行使價 - 新地股價）- 期權金
　　　　　　　　　=（130 元 -126 元）-1.2 元
　　　　　　　　　= +2.8 元；策略錄得 2.8 元盈利，
　　　新地成本由 133 元下降 2.8 元至 130.2 元，但由於新地現時
　　　低於 130.2 元，因此暫時錄得 =（130.2 元 -126 元 ）
　　　　　　　　　　　　　　　　=4.2 元帳面虧損

（b）如果新地於 9 月 14 日升至 134.2 元，
　　　盈利 / 虧損　= - 期權金
　　　　　　　　　= -1.2 元，策略錄得 1.2 元虧損，
　　　由於新地現時高於成本價 133 元，並錄得 1.2 元帳面盈利，
　　　因此新地帳面盈利能與期權虧損抵銷，投資者整體並沒有錄
　　　得任何損失

（c）如果新地於 9 月 14 日升至 136 元，

    盈利／虧損　＝ - 期權金

                　＝ -1.2 元，策略錄得 1.2 元虧損，

    由於新地現時高於成本價 133 元，並錄得 3 元帳面盈利，新
地部分帳面盈利能與期權虧損抵銷，因此投資者整體錄得帳
面盈利 =（136 元 -133 元）-1.2 元 = 1.8 元

實戰小貼士：

雖然這個策略確保投資者仍能享受正股升幅的同時，又能將虧損
封底，理論上效果是非常理想。然而，投資者不能長期買入防護
性認沽期權，原因是這個策略成本高，長久之下會大大降低持股
的投資回報，投資者有足夠對沖理據下使用這個策略才划算。

期 權 速 獲 利 Flash!

實戰心法篇

5.1

擺脫存在即合理的思維

　　哲學家黑格爾（G.W.F. Hegel）有一名句，就是「存在即合理」。這句話所表達的意思跟投資界的「漫步理論」差不多是一樣，就是市價已反映所有市場資訊，所以市價就是合理價格。

　　若果你問期權交易員持有長倉還是短倉較易獲利，相信十居其九會答你短倉較容易贏錢。根據期權的交易經驗，期權長倉的勝出率大約是 15-20%，而期權短倉的勝出率則高達 80-85%。由於短倉勝出率遠高於長倉，這亦是為何坊間有不少課程教導投資者每月沽出期權收取期權金。這些課程會教你用歷史價格走勢去推算每月價格上落範圍，再於範圍上限或下限沽出期權收取期權金。

以理據先行，擺脫「存在即合理」的思維。

　　然而，利用這種思維去買賣期權是極之危險，有機會淪落至兵敗如山倒的地步！的而且確，歷史曾經出現過的事情意味著合理的機會率相對較高，但這並不代表歷史次次都會重複。一個最明顯的例子是 2015 年瑞士央行突然宣布放棄實行瑞郎和歐元掛勾機制，讓瑞郎自由浮動。消息公布當日，瑞郎滙率一度急升三成，令博瑞郎滙率下跌的期權短倉投資者全部慌惶失措。原本以為合理的事情一夜被推翻，有槓桿高的投機者更因此而輸到破產。

　　由於期權涉及槓桿操作，特別是期權短倉，你在推敲特定相關資產走勢時，謹記以理據先行，擺脫「存在即合理」的思維，以免被市場殺個措手不及。

5.2

投資三角理論

　　資深投資者應該會有以下體會，就是「高回報」、「低波幅」及「低交易量」是無法同時出現的。這個概念並不是筆者提出，而是外資基金經理提出的投資三角理論。

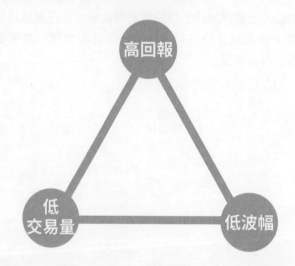

　　簡單來說，投資者不可能在不短炒、又不想承受波幅下狂贏，三種特點之中最多只能取其二。舉例說，投資者想在低波幅下爭取更高回報，在集中追逐短線獲利機會的同時，亦要以敏銳的觸覺迅速地阻止組合虧損擴大。又例如投資者長線持有到期日及行使價較遠的認購期權博大贏，就要有承受組合不時出現大跌的心理準備。再引伸下去，若果投資者接受低回報的話，長期沽出價外跨期期權亦是可選策略之一。

　　基於人們壓惡風險的特性，投資者迴避組合回撤絕對是一個客觀的現象，筆者相信沒有人看見自己身家由高位縮水一大截會很高興吧。根據以上理論，要控制組合回撤即是要降低波幅，但這樣做自然要付出成本，一是放棄高回報，二是積極短炒獲利。

　　作為本書讀者，相信你不會甘心獲得低回報。先談短炒獲利這招，這個做法未必如想像般容易，這是由於短炒涉及交易成本，而這些成本會因為交易量愈高而有所提高，長遠而言會壓低組合回報。換句話說，要用短炒博高回報的投資者，必須將市場觸覺訓練至極度靈敏的地步，而要達到這個境界絕對是花費不少心神。

　　另一種方法是利用期權長倉捕捉波幅增大的機會。由於期權長倉最大虧損風險是期權金，而且潛在利潤沒有上限，對自己長線眼光有信心及有膽識的投資者，這亦是博高回報的做法之一。

低交易量　高回報　低波幅

「高回報」、「低波幅」及「低交易量」是無法同時出現的。

5.3

個人原則反映投資信念

　　橋水（Bridgewater）創辦人達利奧（Ray Dalio）為史上少數出色的對沖基金經理之一，其思考模式絕對值得參考。達利奧最出名的著作就是《原則》，書中主要講述他對原則的看法及觀點。雖然《原則》並沒有直接觸及投資範疇，但達利奧認為最基本的人生原則可應用在所有事情上。

　　達利奧筆下的「原則」是指，面對近似情況下能夠反覆運用的概念或思維，例如考試有考試技巧、駕車有駕車技術、投資有投資心法。由於每個人有不同的背景、性格及識見，故此每個人會有各自所重視的價值，而價值涉及範疇可以很廣泛，如愛情觀、工作觀及人生觀等。達利奧強調，個人「原則」必須反映自己所

個人「原則」必須反映自己所重視的價值，否則當「原則」及個人觀念產生衝擊時，就會令人作出不合理行為。

重視的價值，否則當「原則」及個人觀念產生衝擊時，就會令人作出不合理行為。

　　舉例說，要一個缺乏耐性的人長期買遠期期權，但缺乏持倉信念就注定難以贏大錢。每個人有各自的信念及特質，不同人有不同的價值觀，深入了解自己才是找到個人「原則」的關鍵。

　　放諸期權交易，要成功就要清楚自己賺的是甚麼錢。比方說，對市場短線反應有敏銳觸覺的人賺的是投機利潤，而沽出價外跨期期權的投資者賺的是耐性利潤。一個忠於個人信念及善用自己長處的買賣方式，投資期權要有小成相信絕非難事。

5.4

別低估自己長期能力

　　「人往往高估短期內他們所做的事，卻低估他們長期所能做的事。」曾聽過這一句激勵人心的說法，原來放在期權交易一樣用得著。

　　眾所皆知，在香港買樓絕非易事，但畢竟住屋是人生活必須的一環，置業上車自然成為不少人的奮鬥目標。在香港買到樓是成功故事，但單靠工資及定期存款去達成這個遠大的財務目標絕對是機會渺茫。如果進取一點，投資指數基金年均賺取 8 至 10% 回報，對資本小的年輕人來說，這個資產增值速度相信仍然不夠迅速。

　　期權一向予人爆發力強勁的感覺，往往令到不少抱著遠大財務目標的人來學習交易。雖然期權的槓桿特性可以大幅提高投資回報，但以操之過急的心態操盤的話，往往會弄巧反拙。由於期權本身上落波幅大，不少人在帳面虧損擴大時心理質素會轉差，在急於求勝的情況下，往往會用極高槓桿期權博翻身。問題是這種方法基本上是賭運，即使能夠翻盤也只是偶一為之，長期抱著幸運心態過關，過往辛苦經營的成功分分鐘會毀於一旦。

　　西方有句諺語，「有經驗沒有錢的人最終會獲得金錢，有錢沒有經驗的人最終會獲得經驗。」短短兩句就將投資精要帶出來，真的不得不佩服古人智慧。很多時我們會抱怨資本小難以滾到大錢，但事實上，有錢但沒有經驗的人不會賺到大錢，反而是經驗

豐富的人最終會憑著實力獲得應有的財富。要在期權世界長存，對風險及機會的判斷絕對是不可缺少，而恰恰這些觸覺都要靠落場體驗才能培養出來。

之所以說「人總是高估自己短期表現，低估自己長期能力」亦適用於投資期權身上，就是我們往往過分追求成果而忽略過程的重要性，從而忘記經驗是需要時間累積這個如此簡單的道理。的而且確，投資期權最終目標是要放大回報，但你必須毋忘初心，透過經驗提高操盤能力、累積財富。當慢慢成長後再回看，你會發覺原來自己已不經不覺走了這麼遠的路。

5.5

博奕的要訣

　　正所謂「小賭怡情、大賭亂性」，不少香港人閒時會小注賭馬試手運，但認真從馬會賺到錢的又有多少人呢？事實上，無論是賭馬也好，投資期權也好，兩者均有一定的博奕元素，了解賭馬對提升期權交易造詣絕對有莫大幫助。

　　很多人認為贏馬的要訣是要買中跑出的馬，但筆者可以肯定抱着這個心態賭馬絕對不得要領。買中跑出的馬是用事後的結果去判斷方法是否正確，但買馬贏錢可以是運氣使然，萬一因為好運而誤判賭馬方法正確，後果可以非常嚴重。

真正主導博奕勝敗是在事前不同信息基礎下所作的決定是否值博。

　　其實不止是賭馬，真正主導博奕勝敗是在事前不同信息基礎下所作的決定是否值博。又以賭馬來說，影響一場賽事結果的因素千變萬化，執意買中跑出的馬骨子裏是追求確定性，但你覺得高勝率的馬其他人也會覺得是，這反過來就會降低賠率。比方說，我們衡量一匹馬獨贏機會是 50%，這匹馬的合理賠率應為兩倍。然而，若果很多人落注這匹熱門馬將賠率推低至兩倍以下，而我們仍執意落注，即使偶然中獎，但以統計學角度來說長賭必輸。

　　正因如此，賭馬是要將賠率放在確定性之前來思考，亦即是說要落注於值博率最高的馬，而非確定性最高的馬。放諸投資期權亦一樣，執意追求勝出機率高的交易跟買確定性最高的馬一樣，看輕賠率會令虧損機率增加，長遠來說絕不明智。

　　雖然確定性及概率極大部分時間有反向關係，但偶然也會有例外。這個道理並不難理解，一匹馬多人落注跟那匹馬實際勝出的機會沒有必然正向關係，例如市場有機會因為熱門騎師策騎而忽略一些實力馬匹，這類認知落差就是令確定性及概率不會出現反向關係的例子。博奕要贏錢，就是多抓緊這類認知落差的機會，為自己創造交易上的優勢。

5.6

全職投資的門檻

　　客觀環境影響交易心理質素，這點對全職投資者尤其重要。相信不少人非常羨慕全職投資者，他們能夠靠交易過着自主的生活。坦白說，買樓收租退休就大有人在，做全職炒家過豐裕生活肯定是鳳毛麟角。雖然出色的全職投資者可說是買少見少，但筆者身邊亦有極少數朋友以投資維生，全職投資亦非天方夜譚之說。

　　事實上，你不要以為做全職炒家難度不高，個人認為入場門檻難度之高甚至媲美考醫生或律師牌。綜觀自己身邊成功例子，若果不符合以下三大條件，貿然做全職投資者的潛在風險是極大。

　　做全職投資者的先決條件必定是有足夠的資本。看到這裏，你肯定會問究竟多少才算是足夠的資本呢？五百萬？一千萬？五千萬？其實每個人支出都大有不同，用絕對金額做劃一標準肯定不合適。站在個人立場來說，足夠的資本是指擁有至少 15 倍每年支出的本金。打個比喻，若果有個人每年支出為 50 萬元，那麼足夠的資本至少等於 50 萬元乘以 15 倍，即 750 萬元。15 倍代表年均投資回報率為 6.66%，高於收租回報率或恒指股息率。15 倍並非一個胡亂拼湊的數字，若果做全職投資回報率低至 3 厘，那倒不如買樓收租或買大藍籌收息嘆世界，何必那麼辛苦做全職投資呢？

　　另一方面要考慮的機會成本，就是轉全職投資後所放棄的代價會否太大。雖說全職投資可以抽時間做兼職、減少日常消費、讀

書增值，但荒廢事業過久就難以重返職場，一旦投資遇上滑鐵盧，就有永久墜馬的風險。此外，正職薪酬大多會跟隨通脹增長，而且一份正職本身就是強大的信用證明，銀行審批按揭總不會參考你過去五年平均投資回報率吧。因此，如果全職投資的機會成本太大，絕對不宜冒險辭職做全職炒家去拼博。

最後一點是投資回報的穩定性。全職投資當然希望爆贏，但一旦遇上投資失利又要扣除本金作生活費，在資金壓力下很易做錯投資決定，反過來會令情況變得更壞。正因如此，做全職投資者一定要有一套在不同市況下都能夠穩定獲利的投資方式，諸如一注獨贏的高風險方式就絕對不能用於全職投資身上。

由此可見，資本、機會成本及回報穩定性均是全職投資需要跨過的難關，門檻絕對不低。如果沒有以上三點支持，一旦交易不順心時，很容易會因為生活開支壓力而墜入惡性循環，後果變得一發不可收拾。舉例說，一個月薪 5 萬元並且擁有 900 萬元現金的專業人士，辭職做全職投資者、抑或是同時保持正職及投資好。除非閣下是一位心高氣傲又熱愛全職炒股之人，否則保持正職、投資為輔肯定是不二之選。

提防市場短暫失衡

由於期權是衍生工具，其槓桿特性會令投資者於極端市況下不易死守持倉，這點你必須注意。

在拆解上述情況的因由前，你需要了解以下這個概念。金融學最重要七個理念其中之一是「有效市場假說 (Efficient Market Hypothesis)」，其指出一個有效市場中，市場價格會完全反映所有可獲得的信息。不過非常確定的是，在貪念及恐慌驅使下，投資者不會百分百理性地去看待投資。橋水 (Bridgewater) 創辦人達利奧 (Ray Dalio) 曾經提及，只要有部分投資者於一段時間瘋狂買賣股票，股價已經可以短時間內失衡。其實你只要細心地想，不難找到例子。就以香港為例，不少集資額極少、IPO 超額倍數驚人的新股，上市初段獲投機者狂買就很容易一飛衝天，並於一個極不合理估值維持一段時間。

正如早前所說，投資的要訣是下注值博率高的項目。然而投資動用期權的話，除了講求值博率外，更要考慮持倉期間承受逆風的能力。現時大學學界模擬投資比賽已變得有挑戰性，以往投資比賽要贏很自然是鬥高回報，但原來時下投資比賽開始興起加入一項很重要的篩選條件，就是累計波幅不能超過舉辦者所設定的上限。如果波幅超過限制，哪怕你成績炒爆地球所有投資者，都會被淘汰出局。

學界模擬投資比賽舉辦者之所以愈來愈重視波幅，其中一個原因是要鼓勵一眾參賽者重視風險管理。跟股票及物業不同，投資者只要持倉力足夠，守得市場短期波動，是可以等到春天開花結果。不過期權就完全是另一回事，一旦市場出現對持倉者不利的短暫價格失衡，槓桿特性很容易令投資者在低位斬倉而造成資本損失，將來要追回虧損將會變得很困難，畢竟本金在不利市況下已經被逼縮減了。

在買賣期權前，投資者不要一味想著倉位最終結果，持倉過程亦要一併列入考慮，否則一旦市場意外出現短期失衡，你就會遇上沒頂之災。

5.8
投資要有理據

　　試想想如果有人幸運地中了一次六合彩頭獎，然後跟你說他的落注方法長線會再次中頭獎，並趁機向各位募集 300 萬元成立一個預期年均回報率逾 15% 的「六合彩頭獎基金」，請問你會認購這隻基金嗎？你可能會認為，99% 的人不會認購如此荒唐的基金。

　　筆者並非說笑，內地真的流傳有位幸運兒中了頭獎後向親朋戚友集資，而且聞說反應熱烈，爭相投資。這些人明顯犯了投資一個弊病，就是「只看結果、不看過程」。正如若果有人於 2008 年底碌爆信用卡重鎚買入股票，現時回看定必英明十足、羨煞旁人。

投資長線要獲利就要有充足理據，而理據是否充分則來自個人認知及研究水平是否到家。

　　然而理智的人定必知道，一時賭運成功並不代表一世投資無憂，皆因運氣總有用完的一天。正如米高路易斯 (Michael Lewis) 的著作《抽絲剝繭》(The Undoing Project) 中曾提及，人們對決策進行評估時不應該考慮結果，而是應該審視整個流程。做決策的方向並不是為了一切正確，而是判斷所有決策相關的機會率，抱着這個心態做決策長線才會有良好的結果。

　　其實這跟我們讀書做數學考題時一樣，答案要正確就要有理據、計算過程中理據愈充分，答對題目的信心就愈大。放諸投資亦一樣，投資長線要獲利就要有充足理據，而理據是否充分則來自個人認知及研究水平是否到家。如果投資理據薄弱，即使偶然贏了不錯的利潤，最終也要歸還給市場。

期 權 速 獲 利 Flash!

附　錄

附錄 1

香港股票期權買賣名單 (修訂更新版 2023)

股票編號	正股名稱	HKATS 代號	合約買賣單位（股數）	期權類別
1	長江和記實業有限公司	CKH	500	1
2	中電控股有限公司	CLP	500	1
3	香港中華煤氣有限公司	HKG	1,000	2
4	九龍倉集團有限公司	WHL	1,000	1
5	匯豐控股有限公司	HKB	400	2
6	電能實業有限公司	HEH	500	2
11	恒生銀行有限公司	HSB	100	2
12	恒基兆業地產有限公司	HLD	1,000	1
16	新鴻基地產發展有限公司	SHK	1,000	1
17	新世界發展有限公司	NWD	1,000	1
19	太古股份有限公司 'A'	SWA	500	1
23	東亞銀行有限公司	BEA	200	3
27	銀河娛樂集團有限公司	GLX	1,000	1
66	香港鐵路有限公司	MTR	500	2
135	昆倫能源有限公司	KLE	2,000	2
151	中國旺旺控股有限公司	WWC	1,000	3
175	吉利汽車控股有限公司	GAH	5000	1
241	阿里健康信息技術有限公司	ALH	2,000	1
267	中國中信股份有限公司	CIT	1,000	3
268	金蝶國際軟件集團有限公司	KDS	2,000	1
285	比亞迪電子（國際）有限公司	BYE	1,000	1
288	萬洲國際有限公司	WHG	2,500	2
293	國泰航空有限公司	CPA	1,000	3
358	江西銅業股份有限公司	JXC	1,000	3
386	中國石油化工股份有限公司	CPC	2,000	3
388	香港交易及結算所有限公司	HEX	100	1
390	中國中鐵股份有限公司	CRG	1,000	3
489	東風汽車集團股份有限公司	DFM	2,000	2

股票編號	正股名稱	HKATS代號	合約買賣單位（股數）	期權類別
669	創科實業有限公司	TIC	500	1
688	中國海外發展有限公司	COL	2,000	1
700	騰訊控股有限公司	TCH	100	1
728	中國電信股份有限公司	CTC	2,000	3
753	中國國際航空股份有限公司	AIR	2,000	2
762	中國聯合網絡通信（香港）股份有限公司	CHU	2,000	3
788	中國鐵塔股份有限公司	XTW	10000	2
823	領展房地產投資信託基金	LNK	1,000	1
857	中國石油天然氣股份有限公司	PEC	2,000	3
868	信義玻璃控股有限公司	GHL	2,000	1
883	中國海洋石油有限公司	CNC	1,000	3
902	華能國際電力股份有限公司	HNP	2,000	3
914	安徽海螺水泥股份有限公司	ACC	500	2
939	中國建設銀行股份有限公司	XCC	1,000	3
941	中國移動有限公司	CHT	500	2
968	信義光能控股有限公司	SHL	2,000	1
981	中芯國際集成電路製造有限公司	SMC	2,500	1
992	聯想集團有限公司	LEN	2,000	2
998	中信銀行股份有限公司	CTB	1,000	3
1024	快手科技	KST	500	1
1044	恒安國際集團有限公司	HGN	500	2
1088	中國神華能源股份有限公司	CSE	500	3
1093	石藥集團有限公司	CSP	2,000	2
1099	國藥控股股份有限公司	SNP	800	2
1109	華潤置地有限公司	CRL	2,000	1
1113	長江實業集團有限公司	CKP	1000	1
1171	兗礦能源集團股份有限公司	YZC	2,000	2
1177	中國生物製藥有限公司	SBO	5,000	1
1186	中國鐵建股份有限公司	CRC	500	3
1211	比亞迪股份有限公司	BYD	500	1
1288	中國農業銀行股份有限公司	XAB	10,000	1
1299	友邦保險控股有限公司	AIA	1,000	1

股票編號	正股名稱	HKATS代號	合約買賣單位（股數）	期權類別
1336	新華人壽保險股份有限公司	NCL	1000	2
1339	中國人民保險集團股份有限公司	PIN	5000	2
1359	中國信達資產管理股份有限公司	CDA	5000	3
1398	中國工商銀行股份有限公司	XIC	1,000	3
1658	中國郵政儲蓄銀行股份有限公司	XPB	5000	1
1772	江西贛鋒鋰業股份有限公司	GLI	200	1
1800	中國交通建設股份有限公司	CCC	1,000	3
1810	小米集團	MIU	1,000	1
1816	中國廣核電力股份有限公司	CGN	10,000	2
1833	平安健康醫療科技有限公司	PHT	500	1
1876	百威亞太控股有限公司	BUD	1000	2
1898	中國中煤能源股份有限公司	CCE	1,000	3
1918	融創中國控股有限公司	SUN	2000	1
1919	中遠海運控股股份有限公司	COS	2,500	1
1928	金沙中國有限公司	SAN	400	2
1988	中國民生銀行股份有限公司	MSB	2,500	3
2007	碧桂園控股有限公司	COG	5,000	1
2015	理想汽車	LAU	200	2
2018	瑞聲科技控股有限公司	AAC	1000	1
2020	安踏體育用品有限公司	ANA	200	1
2202	萬科企業股份有限公司	VNK	1000	2
2238	廣州汽車集團股份有限公司	GAC	4000	1
2269	藥明生物技術有限公司	WXB	500	1
2282	美高梅中國控股有限公司	MGM	400	3
2313	申洲國際集團控股有限公司	SHZ	500	1
2318	中國平安保險（集團）股份有限公司	PAI	500	1
2319	中國蒙牛乳業有限公司	MEN	1,000	1
2328	中國人民財產保險股份有限公司	PIC	2,000	2
2331	李寧有限公司	LNI	500	1
2333	長城汽車股份有限公司	GWM	500	2
2382	舜宇光學科技（集團）有限公司	SNO	1,000	1
2388	中銀香港（控股）有限公司	BOC	500	2
2600	中國鋁業股份有限公司	ALC	2,000	3

股票編號	正股名稱	HKATS代號	合約買賣單位（股數）	期權類別
2601	中國太平洋保險（集團）股份有限公司	CPI	1000	2
2628	中國人壽保險股份有限公司	CLI	1,000	2
2777	廣州富力地產股份有限公司	RFP	400	3
2800	盈富基金	TRF	500	2
2822	CSOP 富時中國 A50 ETF	CSA	5000	1
2823	iShares 安碩富時 A50 中國指數 ETF	A50	5000	1
2828	恒生中國企業指數上市基金	HCF	1000	1
2899	紫金礦業集團股份有限公司	ZJM	2,000	1
3188	華夏滬深 300 指數 ETF	AMC	2,000	1
3323	中國建材股份有限公司	NBM	2,000	2
3328	交通銀行股份有限公司	BCM	1,000	3
3333	中國恒大集團	EVG	2,000	2
3690	美團	MET	500	1
3888	金山軟件有限公司	KSO	1000	1
3968	招商銀行股份有限公司	CMB	500	1
3988	中國銀行股份有限公司	XBC	1,000	3
3993	洛陽欒川鉬業集團股份有限公司	MOL	9,000	1
6030	中信証券股份有限公司	CTS	1000	2
6060	眾安在綫財產保險股份有限公司	ZAO	1,000	1
6618	京東健康股份有限公司	JDH	500	1
6837	海通証券股份有限公司	HAI	2000	2
6862	海底撈國際控股有限公司	HDO	1,000	1
9618	京東集團股份有限公司	JDC	500	1
9626	嗶哩嗶哩集團股份有限公司	BLI	60	1
9633	農夫山泉股份有限公司	NFU	1000	1
9868	小鵬汽車有限公司	PEN	200	1
9888	百度集團股份有限公司	BIU	150	1
9898	微博股份有限公司	WEB	100	1
9961	攜程集團有限公司	TRP	150	1
9988	阿里巴巴集團控股有限公司	ALB	500	1
9999	網易	NTE	500	1

註：港交所按每手合約所代表的股數分為 1/2/3 類

資料來源：港交所

附錄 2

交易實用連結

香港衍生工具市場交易日誌及假期表：

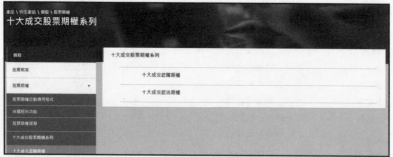

連結：
https://goo.gl/DCHxr6

香港十大成交股票期權列表：

連結：
https://goo.gl/b6yH8Z

香港期權系列按金估算參考表：

衍生產品市場

客戶按金估算參考表("MERT")

免責聲明

香港期貨交易所參與者有絕對酌情情權來決定向買賣期貨及期權之客戶收取按金金額之多少，亦可按個別客戶的獨立情況收取不同之按金，惟金額不得少於香港期貨交易所規例中所訂定之最低金額。在大部份情況下，所要求的按金金額可於收市後計算決定。

香港交易所利用歷史數據編製了以下之參考表，旨在輔助香港期貨交易所參與者於本交易日中估算個別倉按金金額時有所參考。

此等參考表只可用作參考用途。對因使用此等參考表而引致之任何損失或損害香港交易所及其附屬公司概不負責。

參考符號

YYMM	= YY年MM月到期之期貨及期權系列
STRIKE	= 期權系列之行使價
"-"	= 未有提供作買賣之期貨或期權系列
應用日期	= 下列參考表適用之交易日期
最後更新時間	= 下列參考表的最後更新時間。"**:**" 代表交易日的開始
貨幣	= 按金金額適用之貨幣

下列表中金額是有關之期貨及期權系列單一長倉或短倉之每張合約按金金額估算值。

A50	AAC	ABA	ABC	AIA	ALC
ALI	AMC	AVI	BAI	BCL	BCM
BEA	BOC	BOV	BSE	CAU	CCB
CCC	CCD	CCE	CDA	CDB	CEU
CGA	CGN	CHH	CHO	CHT	CHU
CIT	CJP	CKH	CLI	CLP	CMB
CNC	COG	CPA	CPC	CRR	CSA
CSC	CSE	CTB	CTC	CTD	CTS

連結：

https://goo.gl/EkikXC

附錄 3

衍生工具月份代碼表

市面上有部分交易平台以衍生工具合約編號進行交易，其組成方式如下：

衍生工具合約編號 = 產品代號 + 行使價 + 月份代碼 + 到期年份尾數。例如騰訊 2019 年 6 月到期、行使價 500 元認沽期權的衍生工具合約編號為「TCH 500 R 9」。

以下為衍生工具合約月份代碼表以供參考

代表月份	期貨月份代碼	認購期權月份代碼	認沽期權月份代碼
1	F	A	M
2	G	B	N
3	H	C	O
4	J	D	P
5	K	E	Q
6	M	F	R
7	N	G	S
8	Q	H	T
9	U	I	U
10	V	J	V
11	X	K	W
12	Z	L	X

附錄 4

運用股價數據計算往績波幅

正如本書正文所述，期權金會受六大因素影響，分別是特定資產價格、行使價、距離到期日時間、引伸波幅、利率及股息。六大因素之中，操盤者能夠掌控的因素為行使價及距離到期日時間，例如短線投機會用輕微價外及到期日短的期權，博看對方向期權由價外變為價內，充分發揮期權的槓桿效應。

餘下四個因素則是操盤者無法直接控制，例如利率水平是由央行話事、股息多少由公司董事局決定、特定資產價格及引伸波幅則由市場釐定。然而，期權操盤水平高低的其中一個關鍵，就是判斷以上四個因素的潛在效應，畢竟它們最終會影響期權成交價格。

利率及股息分別是央行及公司政策，你只要翻查往績及展望就能知道市場預期水平。特定資產價格就是建倉時市價，會受綜合公司基本面、技術面及市場情緒等多方面影響，是最難掌控的因素，基本上只能靠注碼控制風險。

至於引伸波幅，操盤者確實也沒有話語權，但要判斷其水平是否合理則仍有辦法。即使歷史並不一定重複，但公用股波幅總不會高過科技股吧。前文有提及引伸波幅數據可以參考港交所網站，但如果操盤者想找出符合自己對未來方向觀點的歷史數據，自行動手分析會較合適。

　　市面上最受散戶歡迎而又免費的股價資料庫必定是「Yahoo! 財經」，你只要在「搜尋」一欄中輸入想分析的指數或股票代號，再從分類欄中選擇「歷史數據」，就可以按時段及頻率找出心目中的數據。

「Yahoo! 財經」網址

連結：

https://hk.finance.yahoo.com/

附錄 5

如何運用股價數據計算往績波幅？

Step 1 於於「Yahoo! 財經網」的「搜尋」一欄中輸入的指數或股票代號

Step 2 於分類欄中選擇「歷史數據」

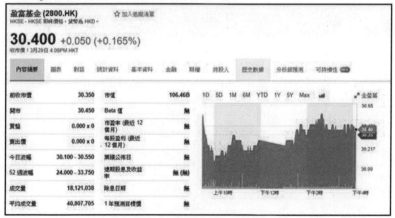

Step 3 選擇心目中所需的時段及股價顯示頻率，完成後按「套用」及「下載數據」獲得 csv 檔案

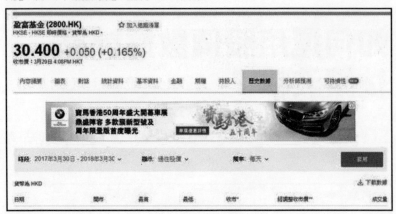

Step 4(a) 於 Microsoft Excel 開啟已下載的 csv 檔案，並於儲存格 H2 輸入公式「=IF(G2=0,1,0)」，完成後將公式由儲存格 H2 拖曳至資料欄末端

Step 4(b) 用滑鼠選取 H 項後，然後於 Excel 右上角選擇「篩選」這個選項

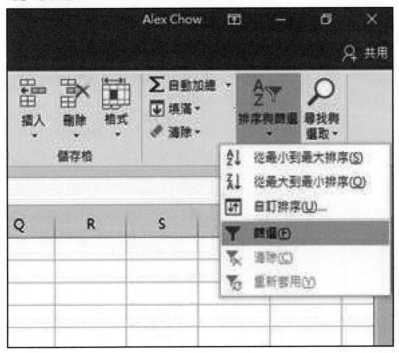

Step 4(c) 按下「篩選」這個選項後，儲存格 H1 會出現一個下箭嘴選項，選擇後會出現一個視窗，你只要在「數字篩選」下剔下「0」及「空格」，就能移除假期、停牌等成交量為零的日子，方便進行數據分析

Step 5 於儲存格 I3 輸入公式「=E2/E1-1」，再將其選擇為百分比方式顯示，然後再拉曳至資料格末端，從而計算用特定資產價格於指定期間內每天價格變幅數據

Step 6 最後你可以在空白儲存格分別輸入公式「=AVERAGE(I:I)」、「=MAX(I:I)」、「=MIN(I:I)」 及「=MEDIAN(I:I)」，得出特定資產價格於指定期間內每天價格變幅的平均值、最大值、最小值及中位數這四項實用統計指標

I	J	K	L
Price Change			
-0.61%		Average	0.09%
0.20%		Max	2.29%
0.61%		Min	-4.78%
-0.41%		Median	0.17%

除了以上方法外，你還可以計算數據，例如絕對值平均數、二十天移動平均波幅、標準差等，亦可以計算股價於特定日子如公布業績前後的變化，將得出的數據跟期權引伸波幅作比較就能判斷是否值得落盤。

附錄 6

高階實戰技巧 -
引伸波幅的數值代表甚麼?

　　引伸波幅的計算涉及統計學中的連續機會率分佈(Continuous Probability Distribution) 概念，要完全理解這個概念需要一定的學術水平，在此不贅。不過若要應用的話，只要參考以下兩個大表的話，要將引伸波幅跟自己的統計數據作比較一點也不難。

表一 : 未來一天的預期上落波幅

波幅指數	68% 機會率出現下述波幅水平
15	0.95%
20	1.26%
25	1.58%
30	1.90%
40	2.53%
50	3.16%

註 : 假設一年有 250 天交易日

表二：未來一個月的預期上落波幅

波幅指數	68% 機會率出現下述波幅水平
15	4.35%
20	5.80%
25	7.25%
30	8.69%
40	11.59%
50	14.49%

註：假設一個月平均有 21 個交易日

期權
速獲利
Fla/h!

作者 / 周梓霖

編輯 / 米羔、阿丁

插圖及設計 / marimarichiu

出版 / 格子盒作室 gezi workstation

郵寄地址：香港中環皇后大道中 70 號卡佛大廈 1104 室

臉書：www.facebook.com/gezibooks

電郵：gezi.workstation@gmail.com

發行 / 一代滙集

聯絡地址：九龍旺角塘尾道 64 號龍駒企業大廈 10B&D 室

電話：2783-8102

傳真：2396-0050

承印 / 美雅印刷製本有限公司

出版日期 / 2018 年 7 月（初版）

2020 年 5 月（第二版 — 修訂版）

2023 年 2 月（第三版 — 修訂版）

ISBN/ 978-988-78039-9-7

定價 / HKD$108

版權所有 · 翻印必究

Published & Printed in Hong Kong

本書作者提供的投資知識及技巧僅供讀者參考。請注意投資涉及風險。閣下應投資於本身熟悉及了解其有關風險的投資產品，並應考慮閣下本身的投資經驗、財政狀況、投資目標、風險承受程度。